U0178900

文化广西

风物

广西饮食文化

吴伟峰 著

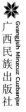

广西民族出版社

Gvangjsih Minzcuz Cuzbanjse

图书在版编目（CIP）数据

广西饮食文化 / 吴伟峰著 . —南宁：广西民族出版社，2021. 6
（文化广西）
ISBN 978-7-5363-7479-9

Ⅰ . ①广… Ⅱ . ①吴… Ⅲ . ①饮食—文化—广西 Ⅳ . ① TS971.202.67

中国版本图书馆 CIP 数据核字（2021）第 076768 号

出 版 人	石朝雄	责任编辑	雷　舟
出版统筹	郭玉婷	责任校对	郑季銮
设计统筹	姚明聚	美术编辑	何世春
印制统筹	罗梦来	责任印制	梁海彪　刘文峰
		书籍设计	姚明聚　徐俊霞　刘瑞锋
			唐　峰　魏立轩

出　　版　广西民族出版社
　　　　　广西南宁市青秀区桂春路 3 号　　邮政编码　530028
网　　址　http://www.gxmzbook.com
发行电话　0771-5523216
印　　装　广西广大印务有限责任公司
开　　本　1230 mm × 880 mm　1/32
印　　张　6
字　　数　123 千字
版　　次　2021 年 6 月第 1 版　　2021 年 6 月第 1 次印刷
书　　号　ISBN 978-7-5363-7479-9
定　　价　28.00 元

前　言

◆

　　中华饮食文化博大精深，就像一个芬芳四溢的大花园，广西自然是其中精彩纷呈的重要组成部分。

　　在漫长的历史发展进程中，广西有不少亮点，如广西是古人类的起源地之一。火的运用使熟食和陶器产生。考古资料证明，广西地区烧制陶器最早可追溯到 1.2 万年前，是中国最早产生陶器的地区之一。人类文明进入新阶段，饮食文化也真正产生。中华文化从殷商开始，经中原，由长江、珠江水系，连绵不断地传达岭南。广西是古代海上丝绸之路的主要发祥地之一。秦始皇令人兴修灵渠，连接长江、珠江两大水系，统一岭南，建立桂林郡、南海郡、象郡，中华统一的封建王朝由此诞生。汉武帝雄才大略，开疆扩土，设岭南九郡，以交趾刺史部统管岭南，治所设在苍梧广信，即今广西梧州一带。又以合浦郡为港口，以国家的实力开通海上丝绸之路。可见汉代时广西是岭南重心，成为"一带一路"陆海交会、有机对接的重要门户。从语言学来看，秦汉期间，广西地区形成了粤语的勾漏片。魏晋南北朝后，中原汉人大量南迁，其中一部分在广西安居，是为客家人。宋代的狄青又带来了以

平话为主的宋文化。桂柳话是西南官话的一种，属于北方方言。广西甚至还有湘语和闽南语，保存着时间节点不同的中国传统文化。这些历史因素使广西饮食文化的底蕴无比深厚。

广西桂林、环江等地有世界级的自然遗产，发育完美的峰林是亚热带喀斯特地貌的典型。桂林山水甲天下，而广西处处是桂林。广西的河流分属长江和珠江两大水系。广西的江河水系发达，水域广阔，大部分城市和乡村与河流为伴，环境优美，食物资源丰富，为广西的饮食提供了大量天然、绿色的原料。

海洋有着永恒的魅力。广西沿海，南临北部湾，是西部唯一靠海的省区，漫长的海岸线是捕捞业发展的基础，故广西多海鲜，出产与内地山区截然不同的食材。这使广西的饮食文化多了丰富和浓重的色彩。

广西地处华南、西南等多区域交会点，沿江沿边，通过珠江连接滇黔粤港澳，区位优势得天独厚，岭南经济文化的紧密联系使广西具有独特优势和发展潜力。海上丝绸之路在汉代已经远到印度、西亚，东盟国家与广西比邻，异样的人文风情，也是让广西散发独特魅力的重要因素。广西为中国边关，各种文化在这里汇集、交流，饮食是最容易产生共鸣的"语言"。

壮族是中国人口最多的少数民族，广西少数民族的人口数量在所有的省（自治区、直辖市）里也是最多的。壮族先民创造的花山岩画被列为世界文化遗产，壮、汉、瑶、苗、侗、仫佬、毛南、回、京、彝、水、亻革佬等12个世居民族团结合作，共同发展，饮食文化亦有自然、独特的传承，最直接的食材和做法特别富有乡土气息。

　　这样说来，广西的饮食文化真是底蕴深厚，与其他菜系相比毫不逊色，更有自己独特之处。广西的饮食文化有历史的遥远深邃，如大海般广阔无垠，其气韵集桂林山水的钟灵秀美和边关海岸的迷人瑰丽。

　　壮美广西，饮食文化真是多姿多彩。如今的八桂大地，不但有山歌敬亲人朋友，还有好酒好茶饭。让我们端起酒杯，对着山歌，在青山秀水间品品这充满人情百味的烟火风俗。

目　录

北部湾畔鲜味浓

南方边关来打卡

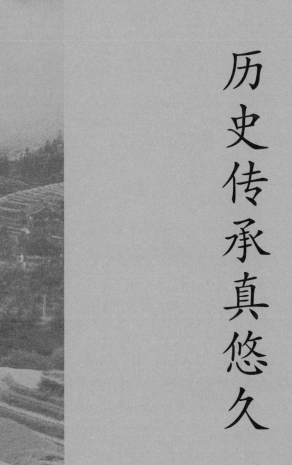

历史传承真悠久

几块石头让我们回到从前

《礼记·礼运》中说："昔者先王，未有宫室，冬则居营窟，夏则居橧巢，未有火化，食草木之实、鸟兽之肉，饮其血，茹其毛。"在远古时代，人类懂得使用火之前，生吃一切可食用的东西来果腹。这是远古先民的生食阶段。直至发现火、学会用火之后，人类才由生食进入熟食阶段，出现了烤、煮、蒸等烹饪方法。除了将食物直接用火烤熟，先民们还会把食物放置在一种用火加热过的材料上面，通过这种材料的导热性能，使食物快速煮熟。这种材料便是存在于自然界的石头。

在广西融水苗族自治县的洞头镇居住着一支板瑶，他们世世代代居住在大苗山上，至今保留着较为传统的饮食方式。在烹饪食物时，他们先到河边取一些拳头大小的鹅卵石，将石头洗干净后，丢到篝火里，任其升温。汤锅内备有鱼、肉、青菜、西红柿等食材，再往里加大半锅水。待鹅卵石烧得通红时，用火钳夹起投进锅中，锅里的水顿时热腾起来，水、肉、菜搅动在一起，待汤水平息下去，冒出香喷喷的热气时，就可以吃菜喝汤了。

这种烹饪方法叫作石烹法，是我国古代最原始的烹煮方式，在旧石器时代就已开始运用。现今，我国的一些少数民族仍然保持着这种原始的石烹法。除了广西的板瑶，清代方式济的《龙沙纪略》中记载了东北地区少数民族的石烹法："熟物刳木贮水，灼小石淬水中数十次，瀹而食之。"这种灼石淬火，就是将用火烧热的小石子不停地投入刳成空心的盛装有水和食材的木头容器中，将里面的食物瀹熟。鄂伦春族则用桦树皮桶进行石烹法，即把掺水的食物放在桦树皮桶里，再把烧石投入其中加热至沸腾。傣族的石烹法是在祭祀仪式中保留的炊煮方法，他们在仪式过程中，宰牛以后，在地上挖一个坑，将牛皮垫在坑底至坑沿，盛足水，放好肉，接着把烧红的石块投入水中，等肉熟后，先献给"勐"（部落）神，然后大家共食。云南独龙族是将食物放进较大的竹筒中，加上水，把烧得灼热的小卵石轮番放进竹筒内，利用热量把水煮沸，将食物煮熟。

　　古文献记载的石烹法和少数民族的石烹遗风，让我们可以窥见远古时代人类利用石头作为烹饪工具的饮食风俗，在一些旧石器时代的考古遗迹和遗物中亦可见石烹痕迹。北京周口店遗址就发现有原地埋葬的烧骨、烧石和石灰岩块变成石灰的现象，还有集中用火的遗迹。这是目前我国发现的古人类最早用火的遗址，从中可以看出古人类在用火之初就懂得利用石头作为煮食工具。到目前为止，我国明确地证实石烹法存在的依据来自内蒙古与宁夏交界处的水洞沟第12地点，距今约有1.1万年。这里发现的古人类留下的灰烬层中，有大量经烧烤后裂开的石块。专家根据石块的形状、大小、岩性等相关数据进行分析，认为这些石块是生

活在此地的先民们用来烧水和烹煮液体食物的烧石。当地的生水不能直接饮用，投入烧石煮沸后可起到杀菌消毒的作用。这个遗址的烧石是首次被确认的古人类运用石烹法煮水熟食的证据。由此可知，古人类已经学会因地制宜，运用自己的智慧与能力，探索出当时最佳的生存方式。

石烹法在人类饮食文化的演进过程中有着举足轻重的作用。现留存在瑶族、傣族、鄂伦春族等少数民族居住地区的烹饪方式虽然只是石烹法的一个缩影，但这个缩影折射出了远古先民饮食方式的光辉，也让我们可以追寻到利用石头烹出来的美味。

万年螺香

　　最近几年，闻着臭吃着爽的柳州螺蛳粉声名鹊起，一时之间似乎成了广西的头号美食。其实，柳州人对螺情有独钟是有渊源的。从 20 世纪 50 年代开始，考古工作者们先后在柳州白莲洞、大龙潭鲤鱼嘴等遗址中发现大量的螺蛳壳堆积物，其中在白莲洞遗址还发现很多田螺、乌螺等水生物化石。这说明早在旧石器时代晚期，白莲洞人已经开始捞取螺蚌为食了。白莲洞人是迄今华南地区发现的最早的食螺人群。螺蛳粉的诞生也许是源于柳州人自古以来对螺的特殊感情。

　　对于吃螺，南宁人不输柳州人。在距今 10000—6000 年的新石器时代，伴随着末次冰期的结束，全球气候回暖。受此影响，广西的气候变得温润多雨，出现了较多的浅湾、湖泊、湿地，为各种水陆生物的繁衍提供了优越的环境。此时，生活在今天广西境内的先民们不约而同地大量利用和食用这些俯身可拾的螺贝类水生动物，创造出了独具特色的"贝丘文化"。贝丘是先民们食用螺贝后丢弃外壳而形成的堆积，简而言之，就是古时人们堆放"厨余垃圾"螺壳的大型垃圾场。

顶蛳山遗址，是广西境内保存面积最大、出土遗物和遗迹最丰富、最有代表性的新石器时代的贝丘遗址之一。顶蛳山遗址的堆积按前后承继分为四个时期，其中的第二期和第三期的堆积都是以螺壳为主。依据考古学文化命名的原则，考古学界将以顶蛳山遗址第二期、第三期为代表的，集中分布在南宁及其附近地区的，以贝丘遗址为特征的一类遗存命名为"顶蛳山文化"。从顶蛳山文化遗存中我们可以看出，南宁人对吃螺的喜好一点儿也不比柳州人少。

从旧石器时代晚期到新石器时代晚期，广西先民们遗留下许多贝丘遗址。到目前为止，考古工作者在广西已发现了79处史

● 顶蛳山遗址

前贝丘遗址，许多贝丘遗址都有厚厚的螺壳堆积。令人惊奇的是，在这些堆积中，很多螺壳的尾巴被敲掉了。这不就和我们现在吃螺的方式一个样吗？

"撩螺"是南宁的本地人对吃螺的亲切叫法。"撩"就是将螺肉挑出来，是吃螺的一个动作。在南宁，没有撩螺的生活是不完美的。夜幕降临，中山路的夜市里，小巷子的大排档，桌连着桌，椅靠着椅，叮叮的碰杯声、鼎沸的猜码声、嗞嗞的嗍螺声混杂在一起，勾画出一个真实的烟火人间。

历代的文人墨客也难以抵挡螺的诱惑。南北朝时期，北周诗人庾信抿上一口美酒，嗍上一个香螺，赋诗道："香螺酌美酒，枯蚌藉兰肴。"这是文学史上第一首正面描写吃螺蛳的诗。清代文人厉惕斋在《真州竹枝词》中如此描述食螺："清明数典悉多多，甚事干卿独嗜螺。"散文大家汪曾祺也爱吃螺蛳。他在《故乡的食物》中写道："螺蛳处处有之。我们家乡清明吃螺蛳，谓可以明目。用五香煮熟螺蛳，分给孩子，一人半碗，由他们自己用竹签挑着吃，孩子吃了螺蛳，用小竹弓把螺蛳壳射到屋顶上，'喀啦喀啦'地响。"

一颗小小的螺蛳，凭借着鲜美肥嫩的口感，捕获了多少广西人的心。从旧石器时代到如今，跨越了2万年，广西人对螺的钟爱依然没有丝毫减少。吃螺，只有你亲自感受那"嗍"的一下，才能体会到螺的美妙。

"一味螺蛳千般趣，美味佳酿均不及。"

稻米飘香的"那"种美食

扫码看视频

　　壮族是一个稻作民族，是我国历史上最早种植水稻的民族之一，考古人员在广西的不少石器时代遗址中都发现了稻作文化的遗迹和遗物。2015 年，考古人员在隆安县的娅怀洞遗址中发现了距今 1.6 万年的稻属植物植硅体。根据植硅体的形态特征，研究人员便可鉴定其母源植物的种类。这是目前为止我国发现的人类最早利用稻的考古证据。

　　除此之外，南宁市邕宁区顶蛳山遗址、桂林市资源县晓锦遗址、百色市那坡县感驮岩遗址都发现了新石器时代的稻作遗存。

● 晓锦遗址发现的炭化稻谷

● 依"那"而居

在资源县晓锦遗址发现的炭化稻谷，充分证明了距今 5000 年前，壮族先民已逐渐掌握将野生稻驯化为栽培稻的技术。那坡县感驮岩遗址也发现了炭化稻和炭化粟。保存完好的炭化稻和炭化粟标本，对研究稻作农业的起源和稻作文化的传播具有十分重要的意义。

千百年来，壮族先民用自己聪慧的才智和吃苦耐劳的精神创造出了独具特色的稻作文化——"那"文化。"那"在壮语里是水稻田的意思，壮族先民们据"那"而作，依"那"而居，是一个以"那"为本的民族。广西的很多地方都喜欢用"那"来命名，比如那坡、那马、那板、那峒等。

广西人为了把对"那"文化的热爱发挥得淋漓尽致，除了有

许多关于稻田的地名，当然也少不了稻米飘香的各种美食。有广西人一日三餐离不开的米粉，有色香味俱全的五色糯米饭，有富含地方特色的各种米糕和粽子，还有清香四溢的竹筒饭，等等，这一道道稻作美食充分诠释了广西"那"文化的食俗。

五色糯米饭，在壮族的稻作美食中可以排入前三名了。五色糯米饭的历史悠久。明代魏濬在《西事珥》中说："青精饭，用南天烛染饭作黑色，谓之乌饭……今粤人以社日相馈送，然又有染作青黄赤以相杂，谓之五色饭者。"清代沈自修在《西粤记俗》中说："宣化（今南宁市邕宁区）武缘（今南宁市武鸣区）之俗，三月三日各村以乌米饭祀真武。"清道光二十四年（1844年）《武缘县志》载："武俗作黄赤色饭，随时染之，惟三月三日取枫叶泡饭为黑色，即青精饭也。枫叶老而红，故昔人谓之'南天烛'。"1899年编的《归顺直隶州志》也说："清明前后，拜扫故墓，染糯米五色煮熟，供散光彩异常，取小精邪祟不能夺吃之义。祭毕席地团坐，将所篢盘菜荤饭吃，复焚香椿拜跪，依恋不舍，斜日在山始归。"又说，"凡初生子亲戚悉以鸡黍相馈，弥月之期，为儿剪发，则以五色糯米饭、红蛋分送亲戚兼设酒招饮。"

五色糯米饭被壮家视为幸福、吉祥的象征。在平时，新居落成、婴儿满月等喜庆日子，人们都制作五色糯米饭用以招待前来道喜的亲朋好友，或馈赠左邻右舍来共同庆贺。特别是在三月三、清明节、七月十四等传统节日，很多壮族人家会制作五色糯米饭。红水河以南各乡镇居民习惯于清明当天举行家宴，做五色糯米饭充食或赠送亲友。扫墓习俗延续至今，五色糯米饭是不可缺少的祭品。每年四月初八也是壮族的重要节日，名为牛魂节，这一天人们会让牛休息不耕作。农家在牛栏前摆上酒、肉、五色糯米饭和一捆青草，焚香，说祝词。祭毕，将糯米饭和青草分成数份，每头牛喂一份，表示对牛的感激之情。

　　五色糯米饭，顾名思义，就是黑、白、黄、红、紫等五种颜色的糯米饭，含有五谷丰登的寓意。这五种颜色，除了白色是稻米本身的颜色，另外四种颜色都是从天然可食的植物中提取汁液染成的。黄姜或密蒙花染黄色，红蓝草染红和紫两色，枫叶染黑色。黑色是最难染的一种颜色，工序是最花时间的。先将采摘到的枫叶捣碎，泡水三天，然后用纱布把枫叶残渣过滤出来。将糯米洗净之后，放入枫叶汁液里浸泡一晚，第二天捞出来的糯米基本上

● 五色糯米饭

就是淡黑色的了。糯米染红、紫、黄三色相对简单些，不需要将植物叶子捣碎，直接把几种植物分别放在锅里加水煮开，水就会变成相应的颜色，然后把糯米放进去浸泡一晚，第二天就可以蒸糯米饭了。

竹筒饭是龙胜瑶族美食的代表。竹筒饭，就是用竹筒代锅煮成的米饭，起初是山区少数民族进深山劳作时，因路远不便中午回家吃饭，也懒得带锅具，便砍下山中的竹子，用竹筒装米烧饭吃，觉得味道不错，久而久之就推广开了。

制作竹筒饭的容器，是清晨从梯田后山砍回来的新鲜毛竹。不是任何毛竹都可以用来做竹筒饭的，竹子是决定竹筒饭味道的关键。当地人从不选择两年以上的老竹子，只有一年生的竹子才最为新鲜，水分足且耐烧。用这样的竹子盛装食材，烧出来的竹筒饭才会芳香四溢。将砍回的竹子一节节锯开，在竹节处凿开一个孔，清洗干净后以备装入食材。龙脊是不缺米的，将龙脊香糯用泉水泡过后，再将肥而不腻的腊肉以及木耳、干笋、玉米、芋头等食材切成丁。把调好味的所有食材从竹筒的孔口灌进去，再加入一些泡米水，就可以摆放在火架上烧烤了。烧烤10分钟左右，水蒸气从竹筒封口处冒出，竹筒里的米饭就基本熟了。趁热破开竹子后，竹子和糯米的清香在空气中弥漫，令人食欲大振。

民以食为天，食以稻为先。稻米是壮族人的天。因为稻米，人们创造出了丰富多样的"那"味美食，滋养着一代又一代的广西人。

闲话五谷

　　中国的饮食当中，人们最平常也最离不开的食物就是五谷。虽然这五谷从古吃到今，但很多人说不清五谷到底有哪些。在中国几千年的农耕文化里，五谷有很多版本。被引用得比较多的，一种是《周礼》中记载的麻、黍、稷、麦、菽，另一种是《孟子》里提到的稻、黍、稷、麦、菽。前一种里有麻无稻，后一种里有稻无麻。但无论是哪一种版本，稻、黍（黄米）、稷（小米）、麦、菽（豆）、麻都是我国古代重要的粮食作物。

　　在我们的日常生活中，稻、黍、麦、菽是常见的食物，在水稻种植起源地之一的广西，稻作粮食更是数不胜数。但麻和稷之类食物，在南方地区比较少有。

　　麻，大多数是用来做纺织材料的，而最早的时候，它的籽是黄河流域主要的粮食。《本草纲目》中记载，麻皮可以用来制衣，麻秸可以用来做烛心以照明，麻籽去壳之后可以食用。总的来说，麻浑身都是宝。

　　火麻就是五谷中的麻，又名线麻、白麻，中国古代称为汉麻、枲、苴等。中国古书对火麻早有记载，《尔雅》中已鉴别出火麻

的雌雄株，分别命名为"苴"和"枲"。河南仰韶文化遗址和西安半坡遗址发掘出的炭化物证明，公元前4000年左右，古人就已利用火麻纤维织布。提到火麻，自然会让人想到广西巴马。在巴马，到处都可以见到火麻树，凡是能种玉米的地方，火麻就能生长，2月下种，8月开花，10月成熟。巴马人说到火麻的时候，常会说"天天吃火麻，活到九十八"，火麻成了巴马人的长寿食谱。巴马是目前世界上唯一的长寿人口持续增长的地方，"长寿之乡"名不虚传。想必这其中，火麻有一定的功劳。

如今，火麻的应用越来越广泛，有吃的，也有用的，形成了一系列产品，火麻油就是其中之一。巴马人最初吃火麻，并不是因为它可以使人延年益寿，而是因为在以前贫苦的生活环境里，食用油和食用盐非常紧缺，于是他们就把火麻仁磨成浆后放入食物里，将火麻浆当作油，这样就节省了食用油，盐也可以少放些。由此，火麻油就应运而生。巴马如今还流行着一个习俗：每当有贵宾到家里做客时，主人就会煮一锅火麻汤来招待客人，希望客人健康长寿。这种极具特色的食品因此成为巴马美食的代名词。

到了巴马，一定要品尝一碗原汁原味的火麻汤。火麻汤的烹制非常简单：把火麻仁清洗干净后，加水，用筷子像打鸡蛋液一样打成火麻汁，然后用纱布过滤杂质。切好洗净的芥菜，入锅煮熟，再倒入过滤好的火麻汁一起加热，煮出来的火麻汤汁呈豆腐渣状。很多餐馆还会用火麻来炖鸡煲汤。火麻与鸡搭配，产生了奇妙的化学反应，鸡的鲜味得到进一步提升，火麻炖鸡坐稳了长寿第一菜的位置。

再说说五谷中的稷。稷就是我们平常所说的小米。小米不仅可以煮粥，还可以用来酿酒。《本草纲目》记载："诸酒醇醨不同，惟米酒入药用。"小米酒具有护肝、活血、润肤等作用，有极高的药用价值。冬天喝一小口，暖身又开胃。广西田林蓝靛瑶的酒就是农家自酿的小米酒。这种小米酒，色泽金黄如琥珀，你喝上一口就会难以忘怀，味道是真的香。也许是因为没有经过蒸馏，只是简单的发酵，酝酿出的米酒才具有这样自然而又丰富的口感。

五谷为养。五谷，是植物的种子，是植物的精华部分，也是人类食物的重要来源。虽然现在我们的饮食越来越多元化，但是多吃五谷，回归大自然最初的味道，才是最滋补的。

● 巴马火麻土鸡汤

无处不酸

　　中国的饮食文化讲究色、香、味俱全，并以味为重。味觉里的酸、甜、苦、辣、咸，可以说诠释了整个饮食体系。其中，酸处于首位，是最具诱惑力的一味，最容易唤醒人们的味蕾。

　　醋最早是人们在丢弃的变质酒糟中提取出的调味品。有了醋之后，酸的腌制品也随之产生。北魏贾思勰在《齐民要术》中记载："桶子，大如鸡卵，三月花色，仍连著实，八九月熟，采取盐酸沤之，其味酸酢，以蜜藏，滋味甜美，出交趾。""桶子"是一种植物果实，用"盐酸沤之"，就是用盐加醋来泡制，应该就是最早制作酸制品的方法。

　　"一方水土养一方人"，八桂大地丰富的物产资源和独特的地理环境造就了食酸的习俗。南宁有这样的俗语："英雄难过美人关，美人难过酸嘢摊。"一些少数民族也有"住不离山，走不离盘，穿不离带，食不离酸"等民谚，体现了酸制品已经成为广西人生活中必不可少的开胃美食，并且各地都有各具特色的酸制品，有果蔬类的酸制品，有肉类的酸制品，还有一些酸糟类食品。

　　南宁的酸嘢是果蔬类的酸制品。"嘢"在南宁白话里是"东西"的意思，"酸嘢"指的就是酸的东西。酸嘢品种多样，有大盆酸腌制的萝卜、萝卜缨、胡萝卜、笋皮、凉薯等，有酸坛酸腌制的藠头、刀豆、仔姜、蒜心、莲藕、蒜头等，水果腌制的品种则有山楂、桃子、菠萝、石榴、木瓜、阳桃、李子等。近年来，南宁街头涌现不少外来的酸嘢，都安酸就是其中之一，相较于南宁酸来说偏甜，做法上略有不同。都安酸是先制酸水，再将果蔬放入酸水里浸泡，酸水可循环使用。还有一种是比都安酸更甜的博白红糖鲜果酸，这种酸用红糖与秘制的调料腌制而成，做法保留了水果的鲜甜。喜欢吃辣和咸酸味的，还可以在水果上撒点辣椒粉和椒盐。

　　广西的桂北地区也有不少特色酸食，号称"百味都用酸"的河池环江毛南族有三酸，毛南语叫"腩醒""索发""瓮煨"。"腩醒"是以猪肉和牛肉为原材料，用生盐腌制而成的肉类酸菜；"索发"是螺蛳汤的酸糟类食品；"瓮煨"是瓜果类酸菜，把用石灰

● 果蔬酸品

水泡过之后晒干的藠头放入坛中，再放几十粒生黄豆，封好坛口，让藠头和黄豆在坛中慢慢发酵。喜爱藠头酸的还有罗城仫佬族，将藠头根部洗净后放入坛中腌制，食用的时候先放在擂钵里捣碎，配上盐和辣椒，酸辣爽口。

岭南地区的肉类酸制品在许多古文献当中都有记载。唐代房千里《投荒杂录》里说岭南人为"善醢醯菹鲊者"。明代桑悦《记僮俗六首》（编者注："僮"现写作"壮"，此处书名沿用旧字）中记载了柳州壮族腌肉的情况："饮食行藏总异人，衣襟刺绣作文身。鼠毛火净连皮炙，牛骨糟醋似酒醇。"广西各少数民族至今还保留着腌肉的习惯，做酸鱼、酸鸭、酸肉等。

除了毛南族的三酸，侗族的三酸也颇具特色。侗族三酸都是肉类酸制品。侗族地区的人以糯米为主食，一年四季常吃糯米饭，但不易消化，于是人们就想出了制作酸食来促进消化的办法。侗族酸食的制作方法并不复杂，但是需要一个漫长的过程。就拿酸肉来说，首先选一头养了一年左右的土猪，肥瘦以三七比例为宜，过肥显得油腻，过瘦则不香。将生盐和米酒均匀地涂抹在表面，反复揉搓，使盐分沁入肉里，静置一到两天后，再把肉晾挂三天左右，等肉里的水分全部阴干才可以进行腌制。腌制时，往蒸好的糯米中加入一点儿米酒，与腌肉一起均匀搅拌后放入坛子里密封起来。腌的时间越长，味道越香醇。

自古以来，渔猎是广西地区主要的食物来源之一。广西水资源丰富，河流纵横，临近北部湾，鱼类产品非常丰富。把吃不完的鱼腌制起来，是较好的储存方法。酸鱼流行于瑶族、苗族、侗族，腌制工序与腌酸肉差不多，但腌制酸鱼的时间会比酸肉更长一些，大致要等待两个月才可以食用。如果坛子密封得好，甚至可以存放数十年。

酸食是瑶族、苗族、侗族的上等菜肴，每当有贵客或重大节日到来时，餐桌上总少不了酸食。苗族在婚嫁接新娘时，都要送上一对酸鱼、一只酸鸭；侗族在"月也"（集体游乡做客）待客时也离不开酸，请客主寨的各家各户提着装有各种酸食的篮子到鼓楼坪集中，唱着赞颂酸鱼的歌谣：

> 怎样砌得好鱼塘？哪里买得好鱼秧？
> 怎样养得肥又大？怎样腌得醇又香？
>
> 两手勤砌好鱼塘，两肩勤挑走衡阳，
> 嫩草勤割鱼肥大，糯米腌来醇又香。
> 牵啦友呼！依啦友呼！嗨啦友呼！

可见，广西少数民族无论是在日常饮食还是设宴待客，嗜酸的特征凸显无疑。

有了酸果、酸菜、酸肉，酸汤、酸粥也必不可少。前面说到的毛南族三酸中的"索发"就是一种用钉螺制作而成的酸汤。将洗净的钉螺用猪油干炒，熟透喷香时趁热倒入坛中，同时把烤香的猪筒骨也放入坛中，加几把生糯米和几大勺淘米水，密封坛口，三个月后方可打开食用。食用时只取汤水，不用坛里的螺蛳和筒

骨，汤水少了就及时补充淘米水。烹煮螺蛳汤时，配上葱花、韭菜、西红柿、青椒和食盐等，煮开即可。"索发"酸味十足，可以增强食欲、促进消化，在暑天吃还能解热。

仡佬族是广西少数民族当中人口最少的民族。为了抗寒祛湿，食酸也成为他们的食俗之一。酸汤豆腐是仡佬族的特色美食。酸汤是用豆腐水发酵而成的，把磨出来的豆浆加入温水过滤成细浆之后，把发酵好的酸汤倒进去，慢慢搅动，待豆浆慢慢变浅黄色后，用碗等器具将豆腐压成饼状，这就是仡佬族的酸汤豆腐。

扶绥地区的酸粥也具有当地特色。据说，壮族先民在外出劳作时，把粥装进竹筒中，不舍得把吃剩的粥丢弃，由此发现了酸粥令人惊艳的味道。外地人可能会产生这样的疑问：酸了的粥还能吃？在扶绥人心目中，酸粥是无可替代的美味。将粥倒入一个干净的小瓷罐中，密封好存放，待粥变酸后，就可以取出食用。扶绥酸粥多和其他食材搭配在一起烹煮食用，比如酸粥鸭。酸粥鸭是扶绥当地的特色菜，其做法是：先把发酵好的酸粥炒熟，加入辣椒、葱、蒜等作料，边炒边些加米汤，再撒入适量的盐，酸粥炒好之后，就可以将肉质肥美的白切土鸭蘸着酸粥吃了。还有酸粥鱼，把生鱼片浸泡在酸粥里煮片刻，一道鲜美的鱼片酸粥就完成了。

酸食的诞生，是先民们意外收获的美味，成就了美食的传奇。千百年来，制作酸食的技艺代代相传，广西人嗜酸的食俗文化也渐渐盛行。

广西无处不酸，这说法一点儿都不夸张。

处处都是籺

　　籺，很多人看到这个字或许不知道怎么念，会念可能也不知道是什么意思。但是看到实物，你肯定会有种"原来这就是籺"的感受。籺，与"和"字同音，是用粳米、麦粒等作为主料，加入辅料制作而成的一种传统特色小吃，流行于岭南地区。以前粤人过年过节，做籺吃籺是必不可少的习俗，后来籺慢慢演变为日常小吃。

　　广西北海、防城港、钦州等地，籺类小吃比比皆是。籺加入不同的辅料，可以制作成不同种类的小吃，不同地区、不同场合、不同季节吃的籺也不太一样。

　　很多人去到北海，说到吃，首先想到的就是海鲜，但只有本地人才知道"满汉全席，不如吃籺"，好比北方人离不开馒头一样。这里的籺种类数也数不清，水籺、盖籺、鸡矢藤籺、大笼籺等，咸的甜的都有，丰富多样。

　　水籺，是北海南康镇的美食代表，也是北海人钟爱的早餐之一。南康水籺的制作技艺被列入北海市非物质文化遗产项目名录，制作方法简单又繁复：把大米打成米浆，倒入蒸屉铺满后蒸熟，

● 水籺

● 蕉叶籺

而后在蒸熟的米糕上面铺一层米浆，再蒸熟，这样的步骤反复五次，香糯的水籺就完成了。

盖籺可以说是水籺的升级版，以合浦公馆镇的盖籺最为有名。和水籺的做法一样，蒸五层米糕，在最上面一层铺放辅料，有猪肉、虾米、木耳、芹菜、竹笋等，把"盖"字体现得淋漓尽致，再淋上酱、醋和拍碎的蒜米配成的调料，酸甜咸辣都有了。

每年三月三，北海合浦人和防城港人都会吃鸡矢藤籺糖水。

鸡矢藤籺就是用鸡矢藤的叶子打成汁液后，和米浆混在一起制作的籺，据说吃了有驱虫的作用。《廉州府志》记载："每逢三月三，不论城乡，采摘一种有臭味名为鸡矢藤的藤本植物叶绞汁，和米粉作条状煮糖水，谓之鸡矢藤籺。全家进食，相沿成习，云能驱邪，实略有驱蛔虫之效。另以一种名为三叉斧的野生灌木与鸡矢藤一束同拴于门上，亦云辟邪。"

大笼籺，在北方称作年糕，是一种由糯米或米粉蒸成的糕。大笼籺的名字源于制作的工具，它需要用一个大大的蒸笼来蒸，蒸出来的籺有十几斤甚至几十斤重，是籺类小吃里体型最大的。大笼籺除了可以蒸着吃，也可以切成小块煎着吃。煎籺很多人都爱吃，特别是年轻人。

由于北海和防城港靠海，新鲜的虾仔成了制作籺的辅料。虾仔籺的虾仔小而多，吃起来香脆可口，还可以配上由番薯或南瓜特制的辣椒酱以及辣酱粉，一大口咬下去，香脆酸辣鲜，真乃人间极致美味。

此外还有麻叶籺、梢叶籺、白糍籺、粟米籺、三角籺等，只要你能想到的籺，在广西都能找到。这也许是因为广西是稻作之乡，广西人爱稻米，便把稻米变化成形形色色的美食。

故乡的味道是米粉

所谓南米北面，是南北方在饮食习惯上的不同，北方人多爱吃面，南方人则多爱吃米粉。在北方人眼里，米粉不管饱，且不入味；而在南方人眼里，米粉是连绵不断的乡愁。

"每次回到家乡，下车的第一件事就是去街头那家熟悉的老店来一碗正宗的生榨粉。吃到粉的时候，就感觉自己回家了，米粉对于我来说就是家的味道。"这是一个广西游子对故乡味道的怀恋，一碗故乡的米粉就可以满足归乡游子的口腹之念。

广西的米粉品种丰富，几乎每个地方都有特色米粉，除了柳州螺蛳粉、南宁老友粉、桂林米粉，还有武鸣和蒲庙的生榨米粉、宾阳酸粉、桂平罗秀米粉、玉林牛腩粉、罗城大头粉等。很多广西人的一天就是从一碗米粉开始的：早餐吃一碗煮粉暖暖胃；中餐或许是凉拌粉，或许是汤粉；消夜再来一碟炒粉……广西人一天不吃粉可能会浑身难受。"今天你嘟粉了吗？"这也许就是广西人喜欢的美食生活。走在广西每一座城市的大街小巷上，随处可以看见粉店，米粉品种多到让你连吃一个月都不重样。

广西米粉里不仅有酸、辣和因人而异的香、"臭"等不同滋

味的汤底，各地米粉的配料也有不同
的特色。首先说说这闻起来传神、吃
起来悦人的螺蛳粉。螺蛳粉的特色就
在于它的汤底，汤底由八角、肉桂、
香叶等十几种香料熬制而成。除此之
外，螺蛳粉当然要有螺蛳，但螺蛳只
用于汤底的熬制，真正呈现在食客面
前的螺蛳粉是见不着螺蛳的。说起螺
蛳，在柳州白莲洞遗址内就发现有螺
壳堆积物，足以证明早在 2 万多年前，
柳州人已经有吃螺的饮食习惯了，由
此延续到今天的螺蛳粉。对于第一
次吃螺蛳粉的人来说，螺蛳粉又酸又
"臭"，这个"臭"味的精髓就在于
它的配菜——酸笋。酸笋作为一种发
酵食物，提升了螺蛳粉的口感层次，
和螺蛳浓汤结合在一起，形成了别具
一格的味道，还因此诞生了一种新的
职业叫"酸笋闻臭师"，专门鉴别酸
笋的等级。看来，小小的一碗米粉都
能带动一座城市经济的发展。

　　与螺蛳粉有着同样"酸臭"味的，
还有南宁的老友粉。老友粉集合了酸、

● 螺蛳粉

● 老友粉

辣、咸、香、鲜的味道。与螺蛳粉不同的是，老友粉需要将配料炒香后再加汤煮开。这个炒制的过程非常关键，讲究猛火快炒，趁大火的时候放入酸笋、辣椒、蒜末和豆豉，豆豉和酸笋奠定了南宁老友粉的"酸臭"基调。老友粉的由来是有故事的：在20世纪30年代，一个老翁每天都要去一家茶馆里喝茶，有几天因感冒没有去，茶馆老板十分挂念，于是便将精制面条佐以爆香的蒜末、豆豉、辣椒、酸笋、牛肉末、胡椒粉等，煮成热面条一碗，送与这个老友吃。热辣酸香的面让老翁顿时食欲大增，发了一身汗之后感冒就好了。病好后，老翁感激不尽，将"老友常临"的牌匾送予茶馆老板，老友面由此名扬八桂。后来衍生出了老友粉。现在，对于南宁人来说，老友粉的定义就是如果几天不吃老友粉，就像很久不见老朋友一般。

论广西米粉的"三大巨头"，除了柳州螺蛳粉、南宁老友粉，当然少不了桂林米粉。对许多中国人或国际友人而言，对桂林的印象来自"桂林山水甲天下"这句话。殊不知，桂林米粉也是桂林的一个象征符号，而且它可以说是广西米粉中的头牌。这个说法源于一个民间传说：秦始皇派兵攻打岭南时，命令史禄开凿了灵渠，这条运河连接了湘江和漓江，联系了长江和珠江，方便战争物资的运输。当时为了加快修建进度，秦始皇遣派了很多北方士兵到桂林兴安。但北方士兵喜面食，吃不惯南方的米饭，水土不服，导致战斗力大大下降。伙夫知道士兵们渴望面食，于是想出了一个办法，将南方的大米磨成浆，蒸熟之后放入饸饹床子压榨成面条的样子，就这样，大米制作出来的"面条"大受士兵好评，兵将的士气重新振作起来，灵渠也提前修建完成。由此，以大米作为原料制作的"面条"就称为米粉，从而演变为今天的桂林米粉。

桂林米粉品种也很多，最受欢迎的就是卤味米粉。卤味米粉的秘诀就在于卤水。在桂林，各家熬制卤水都有自己的配方，但基本上大同小异，一般是用桂皮、八角、丁香、甘草、草果、小茴香等20余种中草药调配而成，这些中草药多有除湿补益的功效，恰好可以祛除广西人体内因气候导致的湿热。吃时佐以油炸黄豆、脆皮、锅烧、卤牛肉，撒入葱花、芫荽、辣椒，当卤水浸透了莹润的米粉，饱含卤水的米粉显得更润滑。吃完粉之后，再喝上一碗熬好的骨头汤，这样的搭配岂能不满足？

生榨米粉是壮族的一种传统美食，壮话音译为"粉馊"。它有一股酸馊味，这是因为米粉在加工发酵的过程中产生了一种能助消化的酵母菌。广西最地道的生榨米粉出自南宁

● 桂林米粉

● 生榨米粉

市武鸣府城和邕宁蒲庙，这两个地方的米粉的区别在于一种是发酵榨粉，另一种是生榨粉。它们共同的最大的特色就是现榨现吃，豆腐干、头菜碎、猪肉末是生榨米粉的传统配菜，豆腐干的香、头菜碎的脆、猪肉末的鲜，再搭配上这股酸馊味，一旦爱上就欲罢不能。

不同于生榨米粉的酸馊味，宾阳酸粉是爽口的酸甜味。宾阳酸粉属于凉拌干捞类，宽宽的米粉佐以炸波肉、烧肠、酸黄瓜、花生米等配料，而后再浇上由冰糖调和的糖醋汁，酸爽之间还透着一丝清甜，是夏日开胃又消暑的一道美食，光是看着都让人垂涎三尺了。说起来，人类对美食的追求真的是生生不息，拥有无限的智慧，仅从米粉中就能体现出来，形状只有粗圆、细圆、宽扁的米粉，做法却有千万种。

酸、甜、香、辣、馊、鲜、臭，这些形容食物味道的词语，几乎都可以用在广西米粉上，同一种米粉和不同城市美食文化的融合，又可以产生出新鲜神奇的味道。各式各样的广西米粉，也许说上三天三夜都说不完，但从米粉香里飘出来的，少不了游子们对故乡思念的味道。

生吃传统

　　中国很早之前就已有生吃的传统。《诗经·小雅·六月》记载："饮御诸友，炰鳖脍鲤。""脍鲤"就是生鲤鱼肉。《荀子·礼论》篇说："大飨，尚玄尊，俎生鱼，先大羹，贵食饮之本也。"生鱼作为上等的祭品，是为了尊重饮食的本源，可见，远古时代的先人就已经有吃生鱼的习惯了。隋朝时，有一道号称"东南佳味"的名菜叫"金齑玉脍"，用鲈鱼切片加橙丝调料拌制而成。相传此菜被苏州的地方官作为东南佳味进献，隋炀帝食后大加赞扬。唐宋的诗篇中也有吃生鱼的描述，说明从先秦开始，直至唐宋时期，吃生鱼的食俗久传不衰。

　　广西鱼生的制作，最著名的数横州市。原先是郁江上打鱼的渔民因在船上生活时不便生火而生吃鱼，现如今演化为一道远近闻名的传统菜。清代《横州志》记载："剖活鱼，细切，备辛香、蔬、醋，下箸拌食，曰鱼生。胜于烹者。"横县鱼生（编者注：经国务院批准，2021年2月3日，撤销横县，设立县级横州市。2010年横县鱼生制作技艺入选广西第三批自治区级非物质文化遗产项目名录，此处沿用原称）的独特之处就在于它的选料和制作

技艺。鱼生的选料都是郁江的原生态活鱼。郁江水流湍急，冲击
力大，所产的鱼尾部肌肉发达，口感特别好。为了保证鱼生的鲜
美，一定要用活鱼。鱼生的制作过程十分讲究：用刀背把鱼拍晕
后，除腮斩尾去鳞，然后将鱼头朝上、尾向下，放尽鱼血，剥鱼皮。
鱼肉去皮后，用干净的纱纸包裹鱼肉数分钟，吸干鱼肉里渗出的
水分和残血，再切片，这样鱼肉就会变得晶莹剔透。唐代《斫脍书》
中专门记录了分割生鱼片的刀法，"舞梨花""千丈线""对翻
蝴蝶"，一种种刀法听起来就像仙侠小说里的绝招一般。虽然这
本书已找不到了，但从横县鱼生的制作过程中就能一探斫脍遗风。
经验丰富的大厨手起刀落，将鱼肉切成薄如蝉翼的一片。一切一
断的叫作"单飞"；在断与未断之间连刀切下第二片，切不断的
两片相邻鱼肉连成一块的叫作"双飞"，一打开，鱼肉状如蝴蝶，
展翅欲飞，俗称"鸳鸯蝴蝶片"。

　　横县鱼生的摆盘整齐、美观，一片片生鱼片有序地摆放在盘
中，有些甚至做成"年年有余""鸳鸯戏水""龙凤呈祥"等具
有吉祥祝福寓意的花式，让食客们在品尝时，既是舌尖上的享受，
也是视觉上的盛宴。横县鱼生的配料可谓是大手笔，似乎喧宾夺
主，酱料和配菜加起来有近 30 种，姜丝、紫苏、柠檬、花生、
鱼腥草、薄荷、洋葱、萝卜丝、酸阳桃等，还有花生油、生抽、
芝麻油等蘸料。夹一大把配料和生鱼片混在一起，放入口中，酸
甜辣咸鲜一涌而出，浓香充斥着味蕾，齿颊留香，吃一口鱼生如
品人生百味。

　　广西宾阳、武鸣、梧州、藤县以及一些侗族和苗族地区也爱

● 摆盘十分讲究的鱼生，是舌尖和视觉上的享受

吃鱼生。武鸣、藤县的鱼生是拌在一起的，叫"捞起"。宾阳人制作鱼生爱用土鲮鱼和青竹鱼，土鲮鱼肉质脆口，并且鱼刺很细，不会影响口感。吃时要多放些花生油，让鱼片更清香润泽。宾阳还有一种传统特色吃法：鱼片上桌前需要先浸泡在自制米醋中，片刻之后，鱼片开始泛白变软，当地人说这是半熟状态，这时再捞出来食用。和宾阳鱼生一起吃的还有米粉，这是别处见不着的

一大特色。米粉吸取了酱汁的味道，与鱼片一起送入口中，别有一番滋味。

苗族与侗族地区的鱼生其实就是酸鱼，是将生鱼放进缸里用特制的酸水进行腌制，说是生的，实际上已经腌熟了。

在广西，生吃的肉类还有牛肉。三江侗族自治县独峒乡原生态饲养的黄牛，肉质鲜嫩，营养丰富。生食主要用的是里脊肉，将肉细细地切成薄片，并用醋略腌过，没有过多的调料点蘸，吃起来是牛肉自身的鲜味。其实生牛肉这道菜古已有之，为古代"八珍"之一，称为"渍"。《礼记·内则》记："渍，取牛肉必新杀者，薄切之，必绝其理，湛诸美酒，期朝而食之，以醢若醯、醷。"意思是说取新鲜牛肉，横向纹切成薄片，在好酒中浸泡一天，用肉酱、梅浆、醋调和后食用。

生食是古人流传下来的食俗，但随着熟食的出现，生食肉类在我国已渐渐成为一种非主流饮食文化，只存留在少部分地区。广西生吃的传统绵延至今，融合了现代创新的工艺，又带来了许多令人叫绝的新奇美味。不过，虽然食物美味，但为了保证生吃的食品安全，还是要选择正规卫生的店家，这样既能传承传统美食，又可大块朵颐，妙哉！

酒久弥香

　　柴米油盐酱醋茶，怎么会没有酒？！

　　可是在餐桌上，总有人感觉无酒不欢，几杯酒下肚，酒劲儿上头，话匣子就打开了。酒文化的历史源流亦如中华文明一般，香醉了上下五千年。

　　在中国的酒史发展中，广西酒占据了重要的一席之地，广西各族人民因独特的地理环境和民俗风格，生产出种类丰富的名酒佳酿。

　　早在汉朝时期，广西酒就已名闻天下。公元前111年，汉武帝在原有的桂林郡、南海郡、象郡的基础上，分设九郡，其中的苍梧郡、郁林郡、合浦郡就属广西地区。被称为"苍梧缥清酒"或"苍梧清"的苍梧酒已经声名大噪，是当时酒界的领军者，从而带动了广西整个酿酒业的发展。汉代酿酒，有浊酒和清酒之分。当时的清酒类，就以苍梧酒最具代表性。汉代刘熙在《释名·释饮食》中写道："酒言宜城醪、苍梧清之属也。"甚至，苍梧酒还与皇家酒相媲美。魏晋时期，苍梧酒的影响力越来越大。三国时期著名文学家曹植在《酒赋》中说："其味有宜城醪醴，苍梧

缥清。或秋藏冬发，或春酝夏成。或云沸潮涌，或素蚁浮萍。"
到了晋朝，除了缥清酒，还新增了其他品种。西晋名臣张华在《轻
薄篇》有提及"苍梧竹叶清"，"竹叶清"就是当时新产的品种
之一，因其颜色似竹叶而得名。傅玄《七谟》云："乃有苍梧之
九酝。"梁昭明太子《七契》说："古圣所珍，其酒则苍梧九酝，
中山千日。"这当中的"九酝"是一种酿酒法，通过多次投料、
长时间酝酿来获得高度酒，用这种方法生产的酒常以"九酝"为名，
借以突出其独到的工艺特色。九酝酒的出现，将苍梧酿酒提升到
一个更高的境界。同时，苍梧酒作为古代广西酒业的象征产品，
维系了千年之久。

　　宋元时期可以说是我国酿酒业发展的兴盛时期，此时的广西
酒也是极好的，寄生酒、藤县酒、瑞露酒、古辣酒等都见于史册，
并占据了当时酒市场的大半江山。

　　梧州地区在元代产出一种新酒——寄生酒。宋伯仁在《酒小
史》中就列有"苍梧寄生酒"，它是用寄生植物酿造而成的酒。
直至明代，寄生酒更是成为官场与私人宴会上经常饮用的酒。博
物学家谢肇淛的《百粤风土记》有云："酒以寄生为上，官私皆
用之，梧州者佳。"

　　此外，藤县酒在明代极负盛名，曾一度与山西的襄陵酒齐名，
位列神州名酒之首，为广西再次争得历史上酒界的最高荣誉。顾
清《傍秋亭杂记》卷下记载说："天下之酒，自内发外，若山东
之秋露白，淮安之绿豆，括苍之金盘露，婺州之金华，建昌之麻姑，
太平之采石，苏州之小瓶，皆有名，而皆不若广西之藤县、山西

之襄陵为最。藤县自昔有名，远不易致。"顾清所列名酒九品，均是明朝国酒，声贯大江南北，而广西酒他首推藤县酒，足见其酒质优异。

苍梧缥清酒、寄生酒、藤县酒均产自梧州，足以证明苍梧古郡的酒文化在中华酒史中占有重要地位。有着"山水甲天下"美誉的桂林因其优越的地理环境，酝酿出沁人心脾的美酒——瑞露酒。

周去非《岭外代答》卷六记载："广右无酒禁，公私皆有美酝，以帅司瑞露为冠，风味蕴藉，似备道全美之君子，声震湖广。"宋代时在桂林设广西帅府，瑞露酒是帅府公厨专酿的美酒，属于官酿酒。由于桂林水好，宜酿酒，除了官酿的瑞露酒之外，当时在民间普遍流行的是一种麦曲酒，因酿造时间较长，当地人称"老酒"，是桂林的平民百姓们日常生活必备的酒品，或用于迎接贵客，或用于婚娶宴席。

桂林还出产白酒。宋代的桂林白酒并非像现代白酒一般，且饮用方式还非常特别，下酒菜没有花生，没有大肉，而是以豆腐搭配白酒。《岭外代答》卷六有说："诸处道旁率沽白酒，在静江尤盛，行人以十四钱买一大白及豆腐羹，谓之豆腐酒。"说明豆腐酒在当时已经普遍盛行，酒行遍布各街巷，是老百姓常饮的酒。此处的"静江"，就是今天的桂林。新中国成立后，桂林靖江王陵出土了300多件梅瓶。梅瓶作为盛酒器盛行于当时的皇家王府内，因此桂林也有着"梅瓶甲天下"的称号。

桂林的三花酒，说起来大家并不陌生。这种酒在清朝晚期就

开始生产，是一种米香型的小曲白酒。至于为何名为"三花酒"，众说纷纭。有的说是因为酿造时要蒸熬三次，因此民间也称"三熬酒"。另一种说法是因搅动酒液的时候产生无数的泡花，泡花多且久者为上品，可堆数层花，由此称为"三花酒"。1952 年，桂林建立了酿酒厂，酿酒厂沿用传统工艺酿造三花酒，是"桂林三宝"中的一宝。

还有一种一定要说说的古代名酒，那就是广西中部地区的古辣酒。《岭外代答》卷六记载："宾、横之间，有古辣圩，山出藤药，而水亦宜酿，故酒色微红，虽以行烈日中数日，其色味宛然。"从宋至清，古辣酒长年酿造，世代不绝，并以其独特的风味感染人间，是古代广西流传最久、生命力最强的一种名酒。

广西古代的酒文化不仅体现在诗赋与文论中，还见于一些出土的文物中。1949 年以后，广西发掘了数千座汉墓，在这些汉墓的陪葬品中，酒器的种类诸多，有尊、壶、罍、瓿、盉等盛酒器，樽、镳等温酒器，还有酒杯、卮等饮酒器，从中可以看出当时广西酒文化的发展水平。广西是少数民族聚居地，各少数民族所酿制的酒毫不逊色，并增添了一些截然不同的民族特色与风味。

广西融水苗族酿制了一种黄酒类饮品——重阳酒，顾名思义就是在重阳节酿的酒，当地也称为"贵宾酒"，是孝敬长辈、招待来客的必需品。酒曲和糯米拌匀后，加入一小块火红的木炭和一根红辣椒，寓意红红火火。做好这一切，盖上盖子，放到储藏室里，在适宜的温度下，等待一两天就发酵好了。重阳酒在苗族人的生活中扮演着重要的角色，婚丧嫁娶等各种仪式都喝重阳酒。

● 春秋双虎耳蟠螭纹铜罍

　　当然，重阳酒并不是苗族人的专利，其他民族也有重阳酒，但在广西提到重阳酒，人们首先想到的就是融水苗族酿制的重阳酒。

　　广西壮家的饮用酒里，比较有代表性的是龙脊水酒。它是龙胜龙脊十三寨酿的酒，主要原料是龙脊的优质糯米和龙脊山泉水，加上龙脊大山常见的植物爬岩香配制的药酒发酵而成。龙脊水酒也被称为"重阳酒"，酿造工艺并不复杂：先将大糯浸泡发涨，然后用甑子蒸熟，糯米饭出甑后，淋入冷开水抖散放凉，添入适量的酒药，入瓮发酵数日，即成原醅。待发酵充分后，按一斤米一斤水的比例，加入清凉的山泉水浸泡，密封，一个月左右即成水酒。龙脊水酒酿造技艺在 2016 年被列入自治区级非物质文化遗产代表性项目名录。

　　瑶族多生活在高山地带，寒凉的气候环境造就了瑶族人饮酒的习俗。瑶族酿制的大多都是米酒，也称为水酒。酿酒原料有的是用粳米，有的是用糯米，有的是用木薯和玉米。虽然瑶族的酒品种不多，但酒俗却是丰富多彩的：有"吼却酒"，包含"进门酒"和"出门酒"；有"三关酒"，就是过三道关卡，每道关卡要喝两杯酒；还有订婚仪式上的"头欢酒"，以及都安瑶族独特的"吃笑酒"。不同地区的瑶族支系有不同的饮酒方式。

　　广西悠久丰富的酒史为如今的酒文化奠定了坚实的基础，造就了诸多远近闻名的酒品牌：桂林三花酒、桂林漓泉啤酒、南丹丹泉酒、罗城天龙泉酒、桂平乳泉井酒、全州湘山酒……当你来到广西，沉浸在这好山好水之间的同时，再品尝着入喉劲爽、香味醇厚的好酒，醉了，醉了……

将岁月打成茶

扫码看视频

　　"早起开门七件事，柴米油盐酱醋茶。"可见，茶是中国人日常饮食生活的重要部分，自古以来占据了独特的地位。但真正懂茶的人有多少呢？

　　其实茶最初并不是生活中的常规饮品，而是以其药用价值传播开的。《神农百草经》记有"神农尝百草，日遇七十二毒，得茶解之"，茶应该算是一味可以解毒的中药。到了秦汉时期，茶叶的简单加工已经开始出现，人们将新鲜的茶叶用木棒捣成饼状，再晒干或烘干。三国时期，出现了以茶代酒的习俗。魏晋南北朝时期，饮茶之风开始盛行。唐代，已经使用专门的烹茶器具，对茶和水的选择、烹煮方式及饮茶环境也越来越讲究，逐渐形成茶道。宋代，人们热衷于斗茶。直到明清时期，才逐渐形成我们今天冲泡式的饮茶方法。

　　茶叶泡着喝，已经是现代人约定俗成的一种饮茶方法，殊不知，在广西的一些少数民族以及客家地区，仍然保留着既新奇又古老的喝茶方法——打着喝、擂着喝……

　　说是新奇，其实是对于大多数城里人而言。在广西桂北地区

以及少数民族里有一种古老又特别的喝茶方法——打油茶。广西
各个地方及民族制作油茶的习惯不尽相同，打出来的油茶风味也
各有千秋。按民族区分的有侗族油茶、瑶族油茶、苗族油茶等；
按地方区分的有恭城油茶、三江油茶、灌阳油茶等。虽然名称众多，
但做法差别不大：往铁锅中倒入适量的油烧热，放入茶叶翻炒，
然后加水，边煮边捣打，同时加入生姜、盐、糖，一锅香气四
溢的油茶就做成了。打油茶之前，要先将糯米蒸熟晾干制成"阴
米"；然后把茶油倒入锅中烧热，将阴米下油锅炸成米花，同

● 油茶

时把花生、黄豆、糯米油果等炸好，再抓一把生米炒焦后，拌以茶叶小炒片刻，加水，放入生姜片，用专用的捣打工具不停地捶打以使味道沁出。煮沸后用编织得密密的竹漏勺将茶汁过滤去渣，盛入粗瓷碗中，加入适量的油米花、炸花生、炸黄豆、油果等。客人可根据自己的喜好加入葱花、香菜，有的更加随心所欲，可以加入干鱼仔、虾仔、米粉、排骨，调入盐巴、辣椒等，一碗色香味俱全的油茶便在你的面前了。喝油茶一来防寒去病，二来提神醒脑，三来是主人表示好客之意。油茶可以配上各种粑粑同吃，在有些地方还可当正餐。从远方到来的朋友，可以与主人坐在锅边，除饥解渴，谈天说地，许多故事就在这一碗碗香香的油茶中缥缈开了。

　　油茶从何时何地而起，这个问题一直困扰着资深的吃客。因为许多少数民族没有自己的文字，所以到目前为止没发现什么准确的文字记载。关于打油茶的来历，少数民族是这样解释的：以前穷人家里买不起油和肉，吃饭、招待客人都显得寒酸。特别是到了夜晚以及冬天，山里的天气寒冷，人的肚子里没有油水御不了寒。因此，人们就拿出各种各样经济实惠的配料如茶叶、花生、大蒜、姜、炒米、盐等，一起放在锅里，架在炉子上边加热边拿木棒捶打，把这些作料打出浆汁，再加入水，煮开成一锅香味浓郁、苦中带咸，上面还漂着一层油花的茶水。此外，在一些古籍中也能找到油茶的一丝丝线索。晋代傅咸的《司隶教》曰："闻南市有蜀妪，作茶粥卖之，廉事打破其器物。使无为卖饼于市，而禁茶粥。"这是目前发现的关于茶粥的最早的文字记载，这

与油茶里搭配阴米的喝法相似。陆羽的《茶经》提到的饮茶方法，与现今油茶的制作方法大致相同。"《广雅》云：荆巴间采茶作饼，叶老者，饼成以米膏出之。欲煮茗饮，先炙令赤色，捣末，置瓷器中，以汤浇覆之，用葱、姜、橘子芼之。"由此推断，油茶大约是在汉代末年就已出现。

　　广西的全州、灌阳有着不一样的油茶。这里的油茶基本上算是一种美味的汤。汤在灌阳的方言里就叫茶。全州和灌阳的农村一般早上中午都喝油茶，也可以算是主食。晚上才会煮菜吃饭。油茶的主要食材有茶叶、姜、葱、蒜、米花、米线、面条、香菇、红豆、绿豆、花生、豆豉、肉类等，其他香料及蔬菜、特产均可用于烧制。这主要看各人口味。与油茶相配的食料有粽子、糍粑、糖饼、瓜子、花生等。油茶也可泡饭吃，口味甚佳。

　　全州的油茶，特点是多种品味，大致有姜茶、油茶、鸟茶。姜茶就是以姜为主的茶，在小茶锅内放猪油烧热，放姜、蒜、茶叶炒热，然后敲打捶碎，加水熬煮，滤出茶汤，撒入盐、葱花、香菜，配上用小碟装好的米花、酥花生、炒玉米等，就可以享用了。油茶与上面的做法差不多，只不过似乎看不到茶的存在，主要是香菇、绿豆、芋头等，茶汤里可以任意加入你喜欢的食材，如骨头、猪肉、鸡肉等。一锅茶水喝完之后，继续捶打锅内的茶料，再加水熬煮，重复五次左右味道就淡了。还有一种叫作鸟茶的油茶，就是在姜茶里加入炸过的鸟捶打熬制。公元前 220 年，秦始皇开始修筑"东穷燕齐，南极吴楚"的驰道，楚之南界，就是桂林。以咸阳为中心，秦的江南新道南通蜀广，西南达广西桂林。全州、灌阳就处在北方文化尤其是楚文化的影响之下。如果把油茶划分不同的派别，这种重口味的油茶应该归为湘江派。

恭城油茶可以说是广西油茶的代表。"恭城油茶喷喷香，既有茶叶又有姜，当年乾隆喝一碗，金口御赐爽神汤。"这是在恭城广为流传的一首打油诗，它不仅道出了恭城油茶的制作真谛，更体现了恭城油茶在保健方面的独特功效。恭城人每天早餐都要打油茶，有的家庭甚至三餐都离不开油茶，男女老少都会打油茶。客人到来则不分早晚，主人随时煮好奉客，而且配料更为丰盛。

恭城油茶是恭城瑶族的一种传统食品，民间流传着这样一个故事：当年乾隆皇帝下江南，沿途百官人献殷勤，山珍海味无尽献上，吃得乾隆见食生厌，众御厨束手无策。这时，一名恭城籍的御厨忽然想起家乡的油茶，就赶制工具，做出了一碗恭城油茶奉上御前。乾隆喝后顿时口舌生津，胃口大开，龙颜大悦，御赐恭城油茶为"爽神汤"。

油茶打完第一锅后，接着打第二锅，如此重复可打五六锅。油茶一锅一锅打下来，味道已没有先前的浓厚，就有了"一锅苦、二锅涩、三锅四锅是好茶"之说。

恭城处于桂江流域。桂江上游大溶江发源于广西第一高峰——猫儿山，向南流至溶江镇与灵渠汇合，称漓江；然后流经灵川县、桂林市、阳朔县，至平乐县，与恭城河汇合，称桂江。这个区域流行喝这种油茶，它代表了广西的特色，因此，这种油茶可称为桂江派。

　　在今天的广东、湖南、江西、福建、广西、台湾等地，还有一种古老的喝茶习俗，那就是擂茶。广西的擂茶主要分布在贺州的黄姚、公会、八步一带。关于擂茶的传说里，有"诸葛亮麾下进军湘中遭遇瘟疫，一老妪制擂茶祛疾"的故事。黄升的《玉林诗话》所载《盱眙旅舍》一诗曰："道旁草屋两三家，见客擂麻旋点茶。渐近中原语音好，不知淮水是天涯。"诗里说的就是擂茶。

　　擂茶的精髓在于"擂"。"擂"，即研磨的意思，使用一套称为"擂茶三宝"的工具：一是内壁有粗密沟纹的陶制擂钵，二是用上等山楂木或油茶树干加工制成的擂棍，三是用竹篾制成的捞滤碎渣的捞子。简单地说，擂茶就是把茶叶和芝麻、花生等配料放进擂钵里，研磨成粉末后冲沸水而成的茶，配料可随着时令变换。春夏湿热，可采用嫩的艾叶、薄荷叶、天胡荽；秋日风燥，可选用金盏菊花、白菊花、金银花；冬令寒冷，可用桂皮、胡椒、肉桂子、川芎。还可按人们所需，配不同料，形成多种功能的擂茶。茶料其实不全是茶叶，可充当茶叶的品种很多，除采用老茶树叶外，更多的是采摘各种野生植物的嫩叶，如山梨叶、大青叶、雪薯叶等。擂茶又分擂茶粥、擂茶饭、纯擂茶三种。顾名思义，擂茶粥就是在茶里加入粥，清新爽口；擂茶饭是将饭放进茶里，解渴又饱腹；而纯擂茶就是茶的原液了。

　　相传擂茶起源于中原人将草药擂烂冲服的药饮。客家先民在迁徙过程中，艰辛劳作，容易上火，为防止"六淫"致病，经常采集清热解毒的草药制药饮，茶就是其中的一味。在药饮

● 打上岁月印记的制茶工具

中添加一些食物，便成了乡土味极浓的家常食饮。劳动归来，美美地享用一碗，那是一种虽然时光流逝但是生活永远幸福美满的快感。

　　许多古老的喝茶方法一部分已失传，另一部分在无形地传承，渐渐地恢复，很多茶人在不断地探索和发掘一种又一种喝茶的方法，造就了不同的茶和饮茶的礼俗。所谓的好茶，不在于有多名贵，适口即可。喝一壶好茶，读一本好书，或约三两个好友共饮对谈，这才是最为舒适的消遣方式。

越吃粤有味

梧州，位于广西的东部，是广西最具历史文化底蕴的古城之一。由于梧州与广东相邻，这里的饮食文化可谓是"又桂又粤"，既有着广西桂菜的风味，也有着浓浓的"粤"气。

梧州，说着粤语，听着粤曲，看着粤剧，吃着粤菜，不得不说，梧州真的很有"粤"气。梧州人的一天是从早茶开始的。"得闲一齐饮茶啦！"成为梧州人相约下次见面的日常语。提及早茶，可能要追溯到清代的"一口通商"政策。乾隆年间，英国商人多次违反清政府的禁令。为了阻拦英国意图打开中国丝茶市场的步伐，防止外国势力打进中国，清政府封闭了闽、浙、江三处海关，仅保留了粤海关的对外通商。从那以后，广州成为中国最大的对外贸易中心，瓷器、丝绸、茶叶都经广州销往世界各地。由于茶叶多了，价格也慢慢下降，广州出现了茶居，而后又变成茶楼，就此逐渐形成了早茶文化。

早茶文化中有"一盅两件"的说法，意思就是一壶茶和两笼点心，这个可以说是早茶的标配。茶在早茶里是很重要的角色，毕竟叫"早茶"嘛。当你刚坐到茶楼的座位时，服务员第一句话就会问你："饮咩茶（喝什么茶）？"茶楼一般提供的有铁观音、普洱茶，具有广西特色的罗汉果菊花茶等，但不是免费的，要按人头收费，就是所谓的茶位费，价格在几元到十几元不等。茶叶还可以自己带来，喜欢喝什么茶就带什么茶。喝茶的过程中还蕴含着一定的礼仪文化：当别人给你倒茶时，你就要用食指和中指轻叩两下桌面，以示感谢，这称为叩茶礼。现在，这种礼仪文化除运用在喝茶之时，好像喝酒时也采用了。

　　早茶里点心的种类丰富，多得让人眼花缭乱，难以选择。其实无非是干、湿两种：干的有饺子、包子、酥点等，湿的则有粥类、米粉、肉类等。虾饺可谓是粤式早茶的"当家花旦"，半透明的水晶饺皮包裹两三只鲜嫩虾仁，入口一咬，皮的柔韧与虾仁的甜脆组合出鲜美的口感。酥皮蛋挞或者榴梿酥，酥脆的外表，柔嫩的甜馅，入口以后让人回味无穷，再喝上一口茶，更是清心爽口。而各色粥点，如及第粥、艇仔粥、皮蛋瘦肉粥、生滚鱼片粥等，皆以绵软顺滑的粥底，配上不同的肉鱼蛋类，再以香脆虾片、青嫩葱花佐之，撒上一小勺胡椒粉，喝来绵糯鲜甜，香味浓郁。还有肠粉，亦称卷筒粉，将米浆置于特制的多层蒸笼中或布上逐张蒸成薄皮，分别放上肉末、鱼片、虾仁等，蒸熟卷成长条，剪断装碟，有牛肉肠、猪肉肠、鱼片肠、虾米肠等。内行人都会点肠粉。豉汁蒸排骨之类一定要有，排骨加配料在锅内爆香后，加入豆豉，放到蒸笼里蒸，色香味俱全。

　　蒸凤爪是茶点的精髓，这是喝早茶必点的一道小吃。早茶没了蒸凤爪，就似早茶没有茶一样，失去了喝早茶的意义。凤爪经炸、

● 广式早茶

蒸等全套工序，变得松软脱骨，再配上几颗卤花生，口感蓬松软糯，
让你连一颗花生都不想错过，吃得干干净净。金钱肚可以说是与
蒸凤爪受欢迎程度同等的茶点，它其实是牛的胃，因做出来金黄
的样子很像金钱，所以叫金钱肚。金钱肚味道醇厚，略韧却不难嚼，
足见粤菜精致至极。粤式早茶的包子品种很多，有叉烧包、奶黄包、
流沙包、酥皮包等，叉烧包最受欢迎。如果你对各式馅料的包子
无从选择，那就毫不犹豫地点叉烧包好啦。包子以叉烧为馅料，
蒸熟后面皮裂开，露出散发着阵阵香味的叉烧，让人流涎。糯米
鸡也是早茶里必不可少的一道茶点，清香扑鼻的荷叶里面包裹着

一大团糯米，用筷子扒开糯米团，内里另有乾坤，鸡肉、咸蛋黄、香菇、虾仁等食材埋藏在糯米里，这种感觉就像在土里寻宝，扒开之后是一个又一个的惊喜。

梧州的早茶虽然"粤"气十足，但并未失去本地的特色，冰泉豆浆简直就是梧州美食的代名词。有句话是这么说的："不饮冰泉豆浆，不算到过梧州。"来到梧州喝早茶，当地人推荐必去的打卡点，那就是位于梧州白云山下的冰泉豆浆馆。这家豆浆馆开馆至今有 70 多年的历史了，馆里不仅有豆浆，还有茶点。豆浆有无糖和有糖两种选择，当你喝下这家的第一口豆浆时，就会充分感受到豆浆的浓、滑、香，浓香四溢，丝丝顺滑，还有一种说不出道不明的煳味。这种味道是梧州冰泉豆浆特有的味道，也是让人迷恋不已的味道。

梧州的早茶文化，随着时间演变和发展，已经逐渐成为生活的一部分，也成为梧州饮食文化的一部分。这里的早茶，准确地说，不应该叫喝早茶，而是吃早茶，并且越吃越有味。

什么都能酿

　　在广西的家常传统美食里，酿菜是其中的一大特色。酿，古字为"釀"，从"酉"，从"襄"，"襄"意为包裹，酿菜起源于客家饮食文化。客家人是被战乱逼迫，从中原辗转到岭南地区定居繁衍的汉人，他们在迁徙之地思念家乡风味之时，就地取材，用不同的原料包裹馅料做成酿菜。对于客家人来说，什么都能酿，有什么酿什么。

　　贺街是贺州市八步区的一座古镇，这里山清水秀、民风淳朴，有着2000多年的人文历史积淀。中原、岭南、客家饮食文化与本土饮食文化多元交融形成的酿菜品系享誉八桂。酿菜是贺街人最钟爱的菜品，"逢菜必酿"也成为当地的美食特色。

　　在贺州的酿菜中，最出名的莫过于豆腐酿了。豆腐是由贺州本地特产的黄豆制成，肉馅是上好的农家猪肉，加入一些咸鱼肉、冬菇以及姜、葱、蒜等配料。先用筷子在豆腐中间戳一个小洞，再把馅料填进去，馅料的多少要掌控好，填得过多容易撑破，填得太少又会丧失了"孕他味于腹中"的风味交融。做好酿后将豆腐放入锅中加适量的汤水煮熟。一般水沸五分钟待豆腐酿刚熟透就可以了，此时刚出锅的豆腐酿吃起来鲜嫩清香，虽然烫嘴却暖心。

豆腐酿还有用油豆腐做成的。油炸豆腐时特别讲究火候，经过热油煎炸后，豆腐外表金黄，内里绵空，中空的内里正好填入肉馅，圆鼓饱满，可蒸可煎，可煲可煮。

明代陆树声在《清暑笔谈》中谈道："夫五味主淡，淡则味真。"道出了饮食中的"淡"与人的品味、自然尚真的品格均是"味"。淡则味真，真则善美。于是，这果腹之需的味便升华为一种学问，越是探究越是有"味"。贺街的瓜花酿便有此种"淡则味真"的

● 豆腐酿

味道。

在让人眼花缭乱的众多酿菜中，瓜花酿因受季节限制，具有食材求鲜、烹饪求淡、口感嫩滑、味道尚真等特点而成为百姓眼中的"百酿之王"。瓜花酿选用的是半开未开或盛开不久的南瓜花，求鲜；沿着花托摘下花朵，去除花心，用淡盐水浸泡以驱虫杀菌，求净；接着剥去花梗的外皮，这剥皮非巧手不能为，尽显功力。然后把去掉皮的青翠鲜嫩的梗切碎，拌入新鲜的水豆腐和肉末，再加入切碎的油条、冬菇、虾仁、鸡蛋等配料，调入适量的生粉、盐、料酒、胡椒粉拌匀，将肉馅用小勺子装入花朵中，然后将花瓣包折封口，再用小段花梗扎稳花瓣，使之不散口。此刻，一个淡黄色、散发着食材本味的瓜花酿就做好了。上锅蒸或是用骨头汤、鸡汤煮熟，揭盖时清香扑鼻。

酿的做法，除了豆腐和瓜花，还延伸到很多食材当中，可谓无菜不可酿、无酿不成秋。毗邻桂林阳朔的平乐，就是集酿菜之大成的地方。平乐十八酿，是桂林的特色美食之一。说是十八酿，其实远不止 18 种酿菜，十八之名只是泛指数量多，就如"云南十八怪"一样，上口好记。平乐十八酿主要是用竹笋、香芋、冬瓜、辣椒、田螺、柚皮等食材做酿菜，花样繁多。平乐十八酿的由来，相传是有 18 个罗汉来到平乐，他们各显神通，做出了 18 道酿菜。这个传说也逐渐汇成了平乐的一曲童谣：

> 高罗汉做了个竹笋酿，矮罗汉做了个螺蛳酿。
> 肥罗汉做了个冬瓜酿，瘦罗汉做了个柚皮酿。

平乐十八酿的做法和贺州酿菜大同小异，就是把各种调料加入到肉馅里，用不同的食材包装。如苦瓜酿，把苦瓜切成一段一段的，把苦瓜的中心掏空，再把调制的肉馅塞入其中。酿水豆腐，把水豆腐切成规则的四方形，用刀把一侧切割一半，把提前调制好的肉馅慢慢放进去，然后再把另一端切割一半，同样把肉馅放入，然后从豆腐的中间切割分成两块。酿水豆腐既要讲究饱满，又要防止破损。豆腐的嫩滑，加上鲜肉的鲜美，水水润润，给人垂涎欲滴的即视感。

田螺酿算是十八酿里食材较为特别的一道酿菜，它是将田螺里的螺肉取出，洗干净后与猪肉、薄荷一起剁碎备做馅料。剩下的螺壳清洗干净后，往里头抹上一点淀粉让其增加黏性后，就可以把有螺肉的馅料填入螺壳中，此刻田螺酿就只待上锅蒸熟了。

柚皮酿是平乐十八酿之一，是广西玉林容县的一道衍生美食。容县沙田村出产柚子，柚皮可以用来做柚皮酿。削掉柚皮的黄绿色外皮，取海绵质地的柚皮瓤，把它切成小三角形，这就是柚皮酿的"外衣"了。柚皮焯水后，浸泡在凉水中，去除苦涩之味，然后在柚皮的一侧划开一道缝，塞进肉馅，清蒸。柚皮酿会越蒸越香，打开锅盖，淡淡的柚皮清香飘满屋子，让你未食先闻其香，忍不住吃上一口。

平乐人所制作的十八酿，以三分肥七分瘦猪肉或五花肉为主料的馅心不腻不肥，美中添香，令人开胃，这也符合科学的饮食要求。平乐十八酿，蕴含平乐人甜美的祝福，有着深情款款的回味。如果做一桌十八酿全席，众多菜肴，有的色泽金黄，有的红中透翠，

青枝绿叶，花样齐全，那可是真正的秀色可餐了。

　　贺州客家人是天生的做酿好手，看他们做酿是种极大的乐趣。贺州的酿菜，富含贺州人的智慧，同时也充满了温暖的味道。

　　"取之于山野，烹之于征途，映日月星辰，染风霜雨雪。"客家人就是这样，走到哪酿到哪，看见什么酿什么。对客家人而言，酿菜是对幸福的一种含蓄表达，是对家乡的一种情结。在他们看来，酿食和人品是一致的，对人要实在，酿食要饱满。这也正是客家人一直坚持和传承酿菜味道的缘由。

● 酿三宝

吃粥也饱

中国人对粥的热情持续了几千年，在 2000 多年前的文献中，就有"黄帝始烹谷为粥"的记载。在《说文解字》里，粥是"鬻"的俗字，鬲是一种陶器，将米放在鬲里煮熟，就成为鬻。此外，甑和釜是煮粥时打水和烧水的器皿。粥除了作为一种主食之外，还可作为药用。《史记》里西汉名医淳于意就用"火齐粥"来治齐王的病。清代光绪年间有一本著作叫《粥谱》，书中共记载了 247 种粥，把粥分类为蔬菜粥、植物粥、动物粥等，这是记载粥谱数量最多的一本古文献。

由于地理气候以及物产资源的不同，造就了我国南北不同的饮食习惯：北方喝粥主要以杂粮粥和豆粥为主，其中最出名的就是腊八粥；南方主要是白粥、甜粥和味粥，而且花样繁多。

旧时在广西，清晨的街巷里，会有大大小小的粥摊。在小小的屋檐下，几张桌子和几张凳子就可以搭成一个粥摊。粥摊以白粥为主，另外还有玉米粥和肉粥等，夏天会有解暑的绿豆粥，但是最受欢迎的还是白粥。白粥这么寡淡，为何是最受欢迎的呢？其实关键在于粥摊上的各式小菜，有酸豆角、酸菜、酸芋苗、炸

黄豆、炸花生、酸黄瓜、萝卜干、木瓜丁等，多达十几二十种。当然，在南宁的粥摊上，少不了南宁人最爱的酸笋。白粥搭配着酸辣可口的小菜，吃起来嘎吱响，好吃得简直停不下来。

煮一碗白粥，并不仅仅是米加水这么简单，米和水的比例，以及熬煮的时间和火候都非常重要。清代诗人兼美食家袁枚在他的烹饪著作《随园食单》中写道："见水不见米，非粥也；见米不见水，非粥也。必使米水融合，柔腻如一，而后谓之粥。"看来，一碗看似简简单单的白粥想要煮好，也不是一件容易的事情。

除了白粥，玉米粥和绿豆粥应该是粥摊上受欢迎程度排名靠前的粥品。玉米粥里添加了玉米粉和细碎的玉米颗粒，冬天喝一碗热乎浓稠的玉米粥下肚，饱腹又暖胃，营养还很丰富。火麻玉米粥是寿乡巴马的"黄金食""长寿粥"。把火麻籽舂碎晾干后用水调开，用纱布滤掉壳渣，得到乳白色的火麻浆，将火麻浆与碎玉米一起煮，不用放米，边煮边搅动，待粥滚开，黄澄澄的火麻玉米粥就可以出锅了。而绿豆粥算是夏季时节的粥品，既爽口解暑，又能去湿热。

在南宁，民间有派粥送福的习俗。每年农历三月十二是南宁邕宁区蒲庙镇一年一度的花婆节，这个节日源于一个民间传说：以前蒲庙有一位婆婆，在大树底下摆摊卖粥，她善良热心，慈悲为怀，经常会施予过路人一碗热粥喝。据说喝了她的粥后，能强身健体，沾上福气，被当地人称为"粥福"，与白话里的"祝福"正好同音。婆婆去世之后，后人为了纪念爱戴鲜花的她，就把每年农历三月十二称为花婆节。节日里的众多的活动中，就有"花婆送粥"这一环节，集千家米，送千家粥，继承花婆奉献爱心、乐于助人的精神。

　　喝粥对于广西人来说是一种简单又快速的饮食方式。在每次生病或毫无食欲的时候，再珍贵美味的食物都会索然无味，唯有喝下一碗热粥，既可以温暖一个病人的胃，也可以治愈疲倦的身体。诗人陆游对粥也极其喜爱，他夸张地认为成仙之法简单易行，只要平时多食粥便可成仙："我得宛丘平易法，只将食粥致神仙。"尝尽百味之后才懂得，原来食的最高境界只是简简单单的一碗白粥。每天清晨一碗温润肠胃的白粥，赛过人间百味。

● 淡淡白粥赛百味

牛系列才是广西真传

　　牛肉，是我们现在经常吃到的肉食。很多人认为，牛最开始是用来耕作的，其实不然。

　　早在新石器时代，我们的祖先就开始驯化黄牛、水牛，但最初的目的并不是用来耕田，而是用来吃的。在河南安阳殷墟的商代墓葬和祭祀坑中就有发现牛的骨骼，以牛为牲，用牛来献祭，是当时最高的祭祀等级。《周礼》中记载周代还专门设有"牛人"这一职位。当时的"牛人"跟现在的"牛人"不一样，《周礼》中的"牛人"指的是掌养国家公牛的人，专门管理和饲养周天子用来祭祀以及宾客宴飨的用牛。古籍中还记载了周天子的饮食有"八珍"，牛肉是"八珍"之一。后来随着春秋时期的礼崩乐坏，牛肉不再是天子专享的美食，诸侯们也开始享用，并以此来彰显财富与地位。

　　春秋战国时期，牛耕兴起，牛慢慢从祭坛上消失，演变为农业生产力的代表。此后，虽然历朝历代都有禁止杀牛吃牛的明文规定，但依然阻止不了饮食大国的吃客们对牛肉的食欲。李白说："烹羊宰牛且为乐，会须一饮三百杯。"黄庭坚念："酒阑豪气在，尚欲椎肥牛。"诗人如此大胆地将食牛之事放在诗中，说明唐宋时期的禁牛令已逐渐松懈，直至北宋末年，吃牛肉已经不是什么稀奇的事情。

　　说起来，牛算是最惨的动物了，一边勤勤恳恳地帮人类耕田劳作，一边又被人类摆到餐桌上。但不得不说，牛肉确实好吃。在中国，潮汕牛肉的名气真的牛。而在广西，论吃牛的本领，恐怕没有哪里的人比得过玉林人。

　　玉林人居住的地方是一座拥有 2000 多年历史的城市，原名为郁（鬱）林，有着"岭南美玉，胜景如林"之称，并且自古以来便有"岭南都会"的美誉。公元前 112 年，汉武帝平定南越后，在岭南设置九郡，其中的苍梧郡、郁林郡和合浦郡就在广西地区，今天的玉林兴业县属于郁林郡，玉州区、福绵区、容县、北流市、陆川县、博白县属于合浦郡。

　　每每谈到玉林人，大家都会说"有钱""会做生意"，就从分布在南宁繁华路段大大小小的玉林风味餐厅和晚上流动在街头巷尾的玉林风味夜宵摊来看，玉林人确实是挺会做生意的。除玉林人在广西有十足的影响力之外，玉林美食也深受人们喜爱。

　　牛肉、牛肠、牛板筋、牛黄喉、牛百叶、牛肚、牛腱，牛的每一个部位都可以变身成为一道极具玉林风味的菜肴或小吃，牛巴、牛腩粉、牛料粉、炒牛料、牛料火锅、牛肉丸等，牛的系列美食应有尽有。

　　玉林牛巴自清朝就有记载，现已形成玉林牛巴食品产业。牛巴的香味浓郁，咸甜适口，肉质细而耐嚼，或当零食或下酒，令

人回味，是馈赠佳品。玉林人举办筵席，以及逢年过节，多喜以牛巴与油炸花生米拼作冷盘。夏秋季节，各摊档的凉拌粉（又称干捞粉），常以牛巴搭配，堪称地方一绝。

玉林的牛腩粉久负盛名，现在广西大小的夜市里，只要灯牌上有"玉林风味"四个大字的，必有牛腩粉。

牛肉丸是玉林的特色小吃，它跟牛腩粉是绝配。据说最早的肉丸是梁光志（玉林牛肉丸制作技艺第四代传人）的曾祖父梁业勋在清朝末年创制的，技术一直不外传。新中国成立前，梁业勋的儿子梁大记在玉林市玉州区西湖池公园的奈何桥边卖牛腩粉，每天手工制作数十公斤肉丸做配料。肉丸鲜香爽脆、入口无渣、弹性十足、嫩滑味美，引来许多回头客。民国时期，李宗仁驻兵玉林，一次手下送上肉丸，李宗仁尝后很喜欢。离开玉林后，李宗仁曾派手下到玉林买肉丸，梁大记的肉丸由此驰名。

肉丸的制作工序复杂，用料以黄牛后腿肉为最佳，也可用精瘦猪肉代替。把选好的肉剔筋去膜，切成厚片。置肉片于平滑的青石板上，用木槌边捶边翻动，用力均匀，快慢适度，过快则其热不散，易成腐渣，食之无味。肉泥捶至用手抓起放下时肉不粘手为止。把肉泥移置大瓦钵，加进碱水、盐、胡椒粉、味精适量，制丸者叉开五指，插入肉泥中，顺同一方向不断搅拌，然后把整团肉泥掀起，在钵中摔打，连续几十次，以把肉泥拉开，增加肉丸的脆度。之后，把锅中水烧至50℃左右，左手抓肉团，稍用力一挤，让肉团条从拇指与食指合成圈中冒出，右手持汤匙迅速一勺，即得拇指大小的肉丸，落入锅中。操作完毕，把锅水加热至微沸，待肉丸浮起，捞放容器中待用。这样的肉丸吃起来弹嫩爽口，深受大家的喜爱。

　　牛料才是玉林美食的灵魂所在。牛料是玉林人的说法，我们叫作牛杂。玉林牛料就是炒牛杂，这是玉林最具特色的美食，是外地来的客人必点的菜式。玉林牛料吃法种类繁多，以炒牛料和牛料粉最为出名。炒牛料讲究的就是生猛的"镬气"，所以要尽快下箸。玉林炒牛料就是如此香脆爽口，最让人叫绝的是"鲜"，

● 美味牛杂

只有绝对新鲜的材料，才能做出如此牛味十足的佳肴。食客挑选好牛料后，老板手起刀落，将各种牛杂熟练地切成大小均匀的形状，洒入调味料，翻盆拌匀，猛火翻炒，加入秘制酱汁，最后再拌上配菜，一碟炒牛料就热气腾腾地上桌了。玉林牛料的原料选择很讲究。一是不见天：宰杀牛多在半夜，宰杀后必须立即取出牛料，进入收储、刀工、腌制等加工环节，尽量缩短牛料待放和暴露时间，以保持牛料最好的新鲜度，这是品质的前提保证。因这一过程都在半夜完成，所以叫"不见天"。二是不见水：宰杀牲畜多用水清洗，但牛料最忌水洗水浸，只是在烹制加工前才清洗，以确保牛料最原始的味道，这样才能保证烹煮出锅的牛料牛味十足。

唐代刘恂撰写的《岭表录异》中说："容南土风，好食水牛肉。言其脆美。或炰或炙，尽此一牛。"到了玉林不吃牛系列，那真是白来了。走在玉林的街上，空气弥漫着牛的味道，这个味道是那么立体、丰富而悠远……

夜市哪都有

广西每个地方都有各种大大小小的夜市，叫得上名的叫不上名的，夜市里的街道无论大小，永远都是这么拥挤，喧喧嚷嚷的人群，琳琅满目的货摊，让你一旦置身其中，就会流连忘返。在广西人眼里，夜市最能体现出一座城市的烟火味，也只有这股烟火味才最能抚慰人心。

广西的夜市，南宁中山路夜市肯定是榜上有名的。来南宁，没到过中山路夜市，就没有领略到真正的南宁风情。南宁的中山路就像成都的春熙路、南京的夫子庙、北京的前门大街，汇集了南宁的历史文化和人文气息，浓缩了广西人的具象生活。在这里，你能吃到南宁本地的美味，能尝到广西其他各个城市的特色小吃，还能足不出广西，领略全国其他地方的美食。从南宁传统的小吃芋头糕、卷筒粉、粉饺、油条、烧烤、田螺、海鲜、酸品、水果、凉茶、鲜榨果汁、花生糊、芝麻糊、汤圆、馄饨、牛肉丸、八珍伊面、老友粉、特色小炒，到武汉的鸭脖、香港的钵仔糕、北京的炒栗、云南的汽锅鸡、台湾的大肠包小肠和蚵仔煎等，应有尽有。

　　南方城市与北方城市最大的区别在于：北方人开始进入梦乡的时候，往往才是南方人的夜生活开始的时候，城市里商场五彩斑斓的灯光逐渐关灭，唯有夜市的街道热闹非凡。有人说，南宁这座城市没特色，但在南宁人眼里，这些看上去没啥特别的街道才是南宁人的精神家园。夜晚加班肚子饿了，随时能安排消夜。下班时间想要放松，晚餐不尽兴，就约上三五个好友边吃边聊。南宁的夜市除了中山路夜市之外，建政路、火炬路、农院路、南铁老街的夜市也有不少人知晓。如果说中山路是外地人爱去的美食打卡地，那建政路就是南宁本地人的"深夜食堂"，而火炬路就是大学生们课后的生活点。每个夜市虽然美食种类相差不大，但都有各自的味道。

　　夜晚的中山路宛若天堂，早晨又恢复了古旧的面貌。白天走在中山路上，你就会清楚地看到中山路的建筑——颓唐的骑楼，破旧的屋檐，这是一条保留较为完整的老街。1921 年，孙中山先生来南宁时登上了洋关码头（今河堤路中山派出所一侧的邕江北岸），这一刻成为南宁历史性的瞬间。孙中山先生逝世后，为了纪念这位伟人，广西当局就把当时的南宁市南门（今中山路北段）命名为中山路。当时有一条街叫"草鞋街"（在今天的中山路南段），是当时南宁的"贫民窟"，因为街道居住的大多数都是附近洋关码头的搬运工和挑夫，他们因贫穷穿不起好的鞋子，只能穿草鞋，这条街因此而得名。解放初期，政府把草鞋街和南门合并，统称为中山路。中山路一开始只有居民们自家开的小店，后来随着经济的发展，外来商人逐渐涌入中山路经营生意，中山路的规模也越来越大，成了南宁的商业街。

白天的中山路叙述着南宁的岁月变迁，夜晚的中山路见证了南宁越夜越美丽。一年三百六十五天，日日夜夜，年复一年，城市的容颜不断更迭，而中山路却依旧芳华。

● 热闹的南宁中山路美食街

好山好水好食材

二

鸡好也要会做

　　在广西各个村落，几乎每家每户都养鸡。广西出土有东汉时期的方格纹陶鸡埘（鸡笼）、羽纹铜鸡、陶鸡等，说明广西地区有悠久的养鸡历史。鸡好养，天一亮打开鸡笼，鸡就在房屋四周的草地里、树枝下、田野中随处觅食，虫子、嫩草这些食物都很丰富。喂食主要以米糠、玉米粒、红薯叶、青菜等为主。鸡吃得好，运动量够，个个都长得健硕肥美、毛羽光亮。广西人在重要的节气节日、仪式活动以及家庭团聚、招待亲朋好友时，鸡是餐桌上必不可少的主菜，于是有了"无鸡不成宴"的说法。

　　广西人吃鸡，首选白切。在节气节日以及仪式活动中，鸡主要用于祭祀。祭祀的鸡，必须是煮熟完整的，不能砍头去尾，也不能切片。祭祀之后，整只鸡再放回汤锅里热一下，然后斩成块，摆好盘，蘸着酱料吃。

　　如果有亲朋贵客来访，杀猪宰羊对于普通老百姓来说不太切合实际，但院子里放养的鸡却是现成的。白切鸡切好摆盘，形如鸡状，精致而好看，体现着主人家的大气、好客。

　　做白切鸡重在选材。清代袁枚《随园食单》记："鸡宜骟嫩，

● 白切鸡

不可老稚。""鸡用雌才嫩,鸭用雄才肥。"广西人深谙此理。制作白切鸡优先选项鸡和线鸡。项鸡就是尚未下蛋的小母鸡,不会太老也不会过嫩,肉质最好。线鸡就是阉鸡。小公鸡开始长出亮色羽毛的时候,就要进行阉割,不能太迟。小公鸡阉割好后,变成线鸡,在笼子里关几天,待伤口愈合,便又恢复放养。线鸡放养一段时间,长得很快,看起来像公鸡那么大,羽毛也很艳丽,肉质细腻鲜甜,白切最为美味。因为个大,砍好拼成一大盘,视觉上很美观,满满的吉祥如意。广西的民间习俗是,去看望岳父

岳母，手里一定要提上一两只线鸡，既体面大气，又代表着吉祥如意。

选好材，还要会做。白切鸡的做法看似简单，其实也有讲究。火候不能太猛，不然容易把鸡煮烂；也不能太弱，要恰到好处的七成熟，才最能体现出肉质鲜嫩的口感。有经验的厨师会使用水浸的方法，将处理干净的鸡浸到即将沸腾的热水里，利用热水的温度把鸡浸到七成熟。出锅后放到冰水里泡一下，鸡皮就会变得特别脆嫩，斩件时皮不易烂，吃起来爽口。一般人掌握不了这么高超的技法，整只放到锅里水煮，由于食材好，味道也不会差。

斩鸡也是个技术活。鸡头、鸡屁股、鸡爪、鸡腿要先砍下来，摆在盘子里，然后对半分，按照鸡的体形来砍，再按原样摆放入盘，使盘子里的鸡看起来有头有尾，有脚有翼，再点缀一点香菜，显得十分精致美观。

最后，做白切鸡不能少的，当然是蘸料。白切鸡的蘸料也很讲究，酱油里放蒜末、葱花、辣椒，再配上一点沙姜，吃起来鸡皮脆爽，鸡肉鲜嫩，蘸料鲜香，融合在一起，堪称完美。

广西人吃白切鸡，很有礼仪上的讲究。上桌后布菜，鸡肝和胸脯肉夹给老人，鸡腿夹给小孩，鸡身上的肉夹给客人……不同的安排，不同的味道，香甜软硬各人不同。尊老爱幼，热情待客，这也是体现在饭桌上的规矩和文化。当然，白切只是广西人最常见的一种吃鸡的方法。除了白切鸡，广西比较有特色的还有古典鸡、田七炖全鸡。

　　古典鸡流行于梧州、岑溪一带。古典鸡的品种比较特别，鸡的体型比较小，但样子很神气，羽毛华丽，有点像野鸡。古典鸡的做法和白切鸡的做法不同。白切鸡是整只放进水中煮熟，而古典鸡是用木桶隔水蒸煮。做古典鸡选用的鸡不大，是尚未下蛋的小母鸡，一般为一两公斤重，处理好后放在盘子里，先给鸡周身涂抹花生油和调味料，腌渍几分钟后，连同盘子一起放进木桶中隔水蒸熟。如此一来，古典鸡的滋味得到了最大程度的保留，蒸煮的过程中就已经满屋都是鸡肉的鲜香，让人垂

● 古典鸡

涩。煮好后，把鸡取出，砍成大块。这和白切鸡又有很大的不同。白切鸡一般砍成小块，摆成鸡形，追求精致。古典鸡则不同，一只鸡只砍成四到六块，要的就是大块朵颐。古典鸡的蘸酱也不需要另外准备，蒸盘里的鸡汁就是上好的酱料，只需把汁淋到鸡肉上就可以了。鸡肉吃起来十分细嫩爽滑，鲜中带甜，让人回味无穷。

田七炖全鸡是一道药膳汤。相传清乾隆年间，著名诗人和历史学家赵翼到镇安府（今德保县）任知府。他为民做了许多好事，深得人民爱戴。但由于日夜操劳，身体每况愈下。当地群众就用田七煲鸡让赵翼食用，他的身体渐渐地得以康复。据说在他离任时，当地百姓自发送行的宴席上就有这道田七炖全鸡。

田七是当地名贵的中药材之一，具有补血生新、活血补气的功效，明代著名药学家李时珍称其为"金不换"。《本草纲目拾遗》中记载："人参补气第一，三七（田七）补血第一，味同而功亦等，故称人参三七，为中药中之最珍贵者。"

田七要略微炸过，然后切成片，放进汤锅中，和土项鸡、红枣、生姜、山药等一起，文火炖煮两个小时。炖出来的鸡汤鲜美醇香，一碗下肚，胃暖了，身暖了，人也精神了。

那一块丰腴的扣肉

过年的餐桌上，最有年味的一道菜，一定是扣肉，这是年夜饭的头牌菜。扣肉的制作过程繁复，而这繁复，衬托了过年的隆重，增加了过年的仪式感和喜庆的氛围。

广西的扣肉有两种：一种是松皮扣，一种是脆皮扣。

松皮扣的做法是：切成大方块的带皮五花肉，洗干净后放进锅中煮，煮至肉皮能用筷子穿过即可。捞出后放凉一会，用牙签在肉皮上扎孔，要扎得细密、均匀。然后用酱油、蜜糖调制酱汁，放入生姜片。取生姜片和酱汁，涂抹到肉皮上。大锅烧油，六七成热的时候，放入五花肉油炸。肉的表皮油脂迅速在高温下溶解，只留下组织部分，这是扣肉吃起来肥而不腻的原因。准备一盆干净的清水，扣肉炸好出锅，立即投入水中浸泡，大约 2 个小时后取出，扣肉的表皮变得蓬松，沟壑纵横。将泡好的肉切成 1～2 厘米的厚片。在大盆中放入葱姜蒜末、酱油、五香粉、腐乳，调成酱汁，把肉片放进去揉拌、腌制。荔浦芋是松皮扣的最佳搭配。荔浦芋在荔浦人工栽培已有 400 年的历史，清朝康熙年间就被列为广西首选贡品，尤其是在清朝乾隆年间达到了极盛。电视剧《宰

相刘罗锅》的播出，使荔浦芋声名大振。荔浦芋去皮洗净，切成和肉片差不多大的片状，下油锅炸至金黄色，使其外表酥脆，内里粉糯。放凉后，一片肉一片芋头地依次摆进碗中，肉皮要朝下。摆好后放进锅中隔水蒸制，两种食材在热力的作用下相互渗透，散发出独特、诱人的香味。蒸好后，用一个盘子盖到扣肉碗上，抓稳并迅速倒扣，然后把碗取出，香味扑鼻而来。在热气腾腾中只见那扣肉金黄鲜亮，透着晶莹的油光，给人一种大气、丰足、圆满的感觉。吃起来，肉软而不烂、香而不腻，芋头也柔软香甜，肉香与芋头的清香融合在一起，荤素相宜，让人陶醉。

脆皮扣的做法与松皮扣的做法类似，只是少了浸泡、夹芋头和蒸这些工序。炸好的五花肉直接切片，吃时要配蘸酱。用柠檬做成的酸甜酱蘸着吃，是邕宁的特色，龙州也如此。这样吃皮脆肉嫩，酸甜不腻，老少皆宜。

做好的扣肉，摆盘精致，色泽金黄，香气扑鼻，一块块丰腴盈润，寓意生活富足，把美好"扣"住。

● 脆皮扣

总在瓜果飘香季

　　广西地处亚热带地区，阳光充足，雨量充沛，常年瓜果飘香。每年广西的水果产量在全国排名都很靠前，2019年更是以1790万吨的总量雄踞全国榜首，柑橘、芒果、柿子、火龙果、百香果等水果产量都位列全国第一。

　　广西一年四季都有时令水果。1月有皇帝柑、沃柑，2月有大青枣，3月有三月李、三月红（荔枝）、桑葚，4月有早桃、枇杷。5月到10月进入水果狂欢季，油桃、三华李、芒果、西瓜、荔枝、龙眼、扁桃、菠萝蜜、葡萄、猕猴桃、珍珠李、黄皮果、番石榴、火龙果、百香果、柚子……蜂拥上市。即便是秋冬季，金钱橘、砂糖橘、草莓、柿子、甘蔗也排着队给大家带来新鲜的甜蜜。香蕉则四时不断。

　　在所有的水果种类中，荔枝是许多人的心头好。正如北宋苏轼诗里说的："罗浮山下四时春，卢橘杨梅次第新。日啖荔枝三百颗，不辞长作岭南人。"广西栽培荔枝的地方很多，宋代范成大在《桂海虞衡志》中记载："自湖南界入桂林，才百余里便有之（荔枝）。"如今更是遍布各地，产量高，品种丰富。6月

● 荔枝为岭南佳果

是荔枝上市的旺季，香荔、鸡嘴荔、红荔、桂味、妃子笑……数不胜数。因为荔枝太好吃了，有的人只管把荔枝当饭吃，哪还顾得上"一颗荔枝三把火"的老话。荔枝果肉洁白晶莹，清甜可口，果核细小，吃了一个还想吃第二个，一个接一个，一次可以吃掉几斤。唇齿间流散着荔枝的甘美，回味悠长，实在让人满足。

荔枝的季节准备过去，龙眼适时而来。龙眼又称桂圆、龙目、圆眼、亚荔枝、荔枝奴等。明代黄仲昭《八闽通志》记述："龙眼树似荔枝，而叶微小……皮黄褐色，肉白而甘。荔枝才过，龙眼即熟，故南人曰为荔枝奴。"《南方草木状》卷下也记载："龙眼树，如荔枝……形圆如弹丸，核如木梡子而不坚，肉白而带浆，其甘如蜜，一朵五六十颗，作穗如蒲萄然。"龙眼历来被人们称为岭南佳果。古时龙眼被列为重要贡品，《东观汉记》记载："魏文帝曾诏群臣：南方果之珍异者，有龙眼、荔枝，令岁贡焉。"今广西的桂平、平南、藤县、玉林、横州、武鸣、龙州、大新等地都盛产龙眼。7月，新鲜龙眼大量上市，价格很实惠，家家户户都趁着新鲜吃。但随着冷链技术的发展，现在即使到了冬季，市场上依然能看到龙眼的身影。尝一颗，依然是甘甜如蜜。

芒果也是广西名声在外的一种水果。一想到百色的"桂七"，那金灿灿的果肉立即浮现在眼前，饱满多汁，香气馥郁，入口甘甜，让人久久回味。有人说，只要吃过"桂七"，就会被它独特的香味和口感所倾倒，再吃任何其他品种的芒果都没有了惊艳的感觉。这说得对，"桂七"的香味诱惑力十足，远远的，你就能闻到它芳香的气息扑鼻而来。那香气，沁人心脾，夹杂着热带的风情与浓烈，让人仿佛闻到的是香水，前调是浓郁的果香，中调是隐隐的木香，最后是淡淡的花香。"桂七"的果肉丰腴，果汁充足，咬一口，鲜甜的果肉柔软香滑，馥郁而独特的香气在唇齿间冲击、萦绕，瞬间让人神清气爽，欲罢不能，就连汁水顺着嘴角和手指流下，也顾不得去擦一下，赶紧再咬一口。

"桂七"的美味，一年也就只有一个月。错过，要等下一年。

和芒果有点像的，是一种叫扁桃的果。在南宁大街小巷的道路两旁，扁桃树最为常见。这是南宁的市树。在这种高高大大的树上，结着一个个小"芒果"，无论是形状还是颜色，扁桃都很

像芒果，就是个儿要小很多。

每年6—7月，街道两旁的扁桃树枝叶繁茂，累累硕果挂满枝头。若台风过境，一场大风大雨过后，整条街道上便都是密密麻麻的扁桃，这是在其他地方不会见到的景象。扁桃的果肉比较少，但自然成熟后，味道香甜，汁液充盈，别有一番风味。

和扁桃一样，南宁路边的波罗蜜也很常见。夏天走在路上，时常能看到硕大的波罗蜜挂在树干上，触手可及，也是一道独特的南方风景。《本草纲目》说："波罗蜜生交趾、南邦诸国。今岭南、滇南亦有之……不花而实，出于枝间……大如冬瓜。"

夏天，在南宁的大街小巷，经常可以看到小商贩拉着三轮车卖波罗蜜。他们卖的大多是干苞波罗蜜，取出来是一小块一小块的，吃着清香甘甜。还有一种是湿苞波罗蜜，果肉黏绵，味道更甜。

就像桂林的山水最美一样，广西的沙田柚也是最好的。因广西容县沙田村最先种植，故称作沙田柚。

沙田柚果肉清甜，没有酸味，吃了一片还想吃第二片。柚子皮可以做菜。刮去表面的黄皮，清水浸泡，漂净皮中苦涩之味，沥干水后，可以做柚皮酿或是与五花肉一起红烧，柚香浓郁，口感特别。

广西人逢年过节，祭祖的桌上，多会供上两个柚子，取"护佑子孙平安"之意。靖西人过中秋节，柚子表面插满了点着的香，用竹竿插着柚子，举得高高地祭月神，名曰"朝天香"。小朋友们手拿着或拖着各式花灯，如白兔灯、鲤鱼灯、飞机灯、走马灯、柚子灯等，游街串巷，好不快乐。

　　还有，用柚子木做的家具也是上好的。柚子的功能真是强大。这么好的东西，唐代孟显的《食疗本草》只有一个"柚"字，说明他没来过广西。

　　广西的水果种类之多，数也数不完。要说水果的吃法，也是值得一提的。对于外地人来说，水果榨汁，常见；水果沙拉，也很常见。但水果拌着椒盐、辣椒来吃，就只在广西最为普遍了。广西南宁人给这种吃法的水果起了个名儿，叫"酸嘢"。

　　在水果季节，李子、番石榴、阳桃、生木瓜、脆桃子、菠萝、生芒果、扁桃……统统可以做成酸嘢来吃。方法很简单，用刀将脆生的水果切成小块放置到小盆里，用盐腌制半个小时后去水，除去生果子的涩味，然后放入白糖，撒入椒盐，在小盆子里搅拌，美味的酸嘢就做成了，吃起来非常脆爽。

　　一年四季瓜果飘香的广西，是不是让你也有了"不辞长作广西人"的念想？

必备的年货

扫码看视频

　　每逢过年,广西各地的村镇街道,人头攒动,摩肩接踵,春联、灯笼、米花糖、沙糕……满街都是浓浓的年味。

　　米花糖、沙糕这类小吃,是市场上很受欢迎的年货,不仅好吃,也是送亲朋好友的佳品,而且价格实惠。当然,也有人自己在家里制作,也不难,就是要花点心思和时间。

　　农家自己做的米花糖一般是用自家种的大糯米。先将大糯米洗净,隔水蒸成糯米饭,取出晾凉,撒点玉米粉,搅拌,让糯米饭散开。接着拿去晾晒,晒干后玉米粉几乎就掉光了。再用筛子把玉米粉去干净,留下一粒粒干糯米。把锅洗净后文火烘干,刷点油,待锅够热了,抓一小把干糯米放进去,快速翻炒,大概不到一分钟的时间,糯米就在热锅里全部爆开,这时候要快速铲出。接着又抓一小把干糯米放进锅里翻炒,动作依然要快。糯米一次不能放太多,否则容易受热不均匀,有些爆了有些又没爆,会直接影响米花糖的口感。火不能太猛也不能太弱,太猛容易炒焦,太弱又爆不开米花。这实在是个考验。

翻炒的工具，不是平常的锅铲，因为米粒会粘上锅铲掉不下来，爆不出米花。为此，心灵手巧的农家人会用稻草或芦苇编织成一把小扫帚，用这把小扫帚来进行翻炒，使米粒受热更加均匀，更容易爆开。

米花炒好后，先晾在一边，开始准备熬糖汁。这要用广西出产的红片糖，价格实惠，品质好，过年前每家每户都要备上好几公斤。红片糖加清水，煮到糖水变黏稠。这有个测试的方法：准备小半碗清水，用筷子蘸点糖汁，让糖汁滴到水里，如果糖站立着不融化，说明糖汁已经煮好了。

关火后，把炒米花迅速倒进锅里，和糖汁一起搅拌均匀，然后倒在事先洗干净的案板或方形容器中，摊开，用铲子迅速压平，否则等米花糖冷却就不好摊开成型了。待冷却定型之后就可以用刀来切块，一块又一块甜甜蜜蜜的米花糖就做好了，吃起来又脆又香，如果再撒上些炒香的芝麻，更美味。

如果想要米花糖的颜值更高一点，可以加点染上红色的米一起制作。红米是用天然的植物汁液来染成的，做成米花糖以后，颜色粉嫩，镶嵌在金黄色的米花糖里，使米花糖增色不少，更加诱人。

过年的时候，人们都喜欢相互赠送米花糖，一起分享这份甜蜜的祝福。

沙糕和米花糖一样，也是过年必不可少的年货。因为"糕"和"高"同音，有高升的寓意，也带着对生活水平一年比一年提高的期待和祝福。沙糕的做法相对复杂，现在都由一些专门

的厂家来制作。在传统的做法中，要提前几个月熬煮糖水，晾冷，返沙后放到瓦缸中加入白酒发酵几个月，这样做出的糖汁更清爽可口。然后选用上好的糯米，用小火炒熟，研磨成粉状，装入布袋中，摊平放在地面上"打地气"。"打地气"是做沙糕最为关键的环节，其实是让米粉吸取地上的湿气回潮。之后将"打地气"的米粉和发酵好的糖搅拌、揉搓在一起，放入专门的木格中，一层米粉一层馅料再一层米粉铺放，压紧，即可用刀具切成块状的沙糕。沙糕的内馅有豆沙、芝麻、莲蓉、冬蓉、豆蓉、花生、水晶什锦等，非常丰富，吃起来细腻绵软，甜而不腻。

年糕有年年高升、年年高中的寓意，也是广西人过年的年货之一。糯米加清水磨成米浆，加入红糖搅拌均匀。在圆形的盘子里涂一层薄油，倒入红糖米浆，然后上锅蒸熟。年糕倒出模具后，可以用保鲜膜包起来，以防风干变硬。刚出锅放凉的年糕软软黏黏的，最好吃。若年糕放久了变硬，可以切成小块放到油锅里煎着吃，软软的，也非常好吃。过年时天气冷，家家户户围着火盆烤火取暖，在火盆上架起火筷，烤几片年糕，一家人分着吃，这是过年才有的美好时光。

广西还有一种年糕叫糍粑。先将糯米浸泡一个晚上，第二天滤水上锅蒸熟，然后放进石臼中舂成黏状，再分成一个一个的小圆团，把小圆团压成饼状，放到干净的布上，不时翻面，晾干水分，这样做出的糍粑光滑细腻。在一些壮族地区，过年时家里若是来了亲戚，是一定要送上十几二十个糍粑作为礼物的。因此，过年前几天，家家户户会喊上亲戚朋友，花上一整天的时间来做糍粑。以前，糍粑做好几天后，要放到水中浸泡保存，隔天换水。现在好了，可以放进保鲜袋，冷藏或冷冻起来，想吃的时候就拿出来煮着吃或煎着吃，过年的味道可以持续更久。

粉利也是必备的年货，含有大吉大利的寓意。粉利用优质大米来做，也是加水磨成米浆，然后把水分过滤，捏成小圆柱状，再入锅蒸到八成熟的样子，取出晾干即成。粉利的吃法很多：和腊肉或者新鲜猪肉，配上菜花、青蒜一起烩炒，是一道可口的家常菜；打火锅的时候，放点儿粉利进去，软嫩滑弹，非常好吃；也可以和红糖一起煮成糖水；或者像煮米粉一样，做成汤粉利。每一种都各具特色。

最后，年货中的主角，非粽子莫属。广西人端午节包小粽子，过年，既要包小粽子，又要包大粽子。大粽子拿来祭祖、送外婆、送亲朋好友，一个甚至重5公斤以上。包粽子专用的叶子，叫作柊叶，是一种竹芋科的多年生草本植物。《南方草木状》载："冬叶，姜叶也，苞苴物，交、广皆用之，南方地热，物易腐败，惟冬叶藏之，乃可持久。"用柊叶包粽子，一定要叶背朝里，这样叶子才不会粘在粽子上揭不下来。糯米也要提前浸泡几个小时，然后滤干水分。柊叶背上铺一层糯米，划开中间一点，放上绿豆或者花生、芝麻等，配上事先用酱料调制好的五花肉，最后再盖一层糯米，包好，用稻草捆扎，放进大锅水煮。5公斤的大粽子，要煮上一整天。小粽子的话，一个晚

上即可。刚出锅的粽子，带着柊叶清新的颜色和香味，又有馅料的鲜香、五花肉的肉香、糯米的米香，融合在一起，极为诱人，好吃而不腻。

正因为有了这些好吃的，过年才有过年的味道。

● 广西年粽

河鲜美味

　　广西雨水丰沛，河流众多，大部分城市和乡村与河流为伴。河鲜，是来自河流的馈赠，也是人们舌尖上的至高享受。

　　广西境内比较大的河流有西江、郁江、红水河、邕江、左江、右江，还有湖泊水库以及众多的溪流，河鲜资源非常丰富。

　　每到春水初涨，小鱼小虾多又肥，村民撒下网，就能收获一顿新鲜的美味。吃小鱼小虾，无外乎油炸和爆炒。印象里，新鲜的小鱼小虾裹上鸡蛋面糊油炸，小鱼小虾个个变得金黄酥脆，鲜香四溢。吃不完的小鱼，去掉内脏，清理干净后，用盐腌制，晒干。吃的时候，泡泡水，与黄豆一起焖煮。小鱼糅合了黄豆的清新，入口咸香，鲜美至极，是夏天里白粥的绝配。

　　德保有一条清澈的河，沿河的村落在圩日会有河鱼卖，赶圩的人买河鱼，一买就是一两公斤，里面最醒目的就是鳜鱼，长得非常漂亮，一看就让人忍不住想起唐代诗人张志和的诗句："西塞山前白鹭飞，桃花流水鳜鱼肥。"把鳜鱼清理干净，放进油锅里稍微炸一下，再和小番茄一起焖，番茄的酸衬托着鳜鱼的鲜。吃了鱼肉，用番茄鱼汁拌饭，最是满足。

　　油鱼主要分布在巴马、都安、百色等地。广西人把油鱼当作珍馐美味。油鱼，就是肉比较肥、油比较多的鱼。广西河里的油鱼个头很小，肉质细嫩鲜美，刺很少。做法很简单，锅里放点油盐、姜丝，两面煎黄，熟透就可以了。

　　还有一种鱼，名字叫"巴伯"，这是壮语，"巴"是鱼的意思，"伯"是父亲的意思，译过来就叫"鱼爸爸"，真有趣。巴伯长得不大，就一指多长，像是迷你版的鲇鱼，主要在浅水区活动，看起来是一种比较笨、反应比较慢的鱼，因此很容易就被人们抓住。东北也有这种鱼，但比广西的更笨，伸手就可以抓到。但东北人却不吃这道美味。也许是太容易得到，反倒觉得没有价值，不屑于吃。巴伯因为比较小，一般会做成鱼干，用油煎了以后，和黄豆一起焖煮，鲜香耐嚼。

　　巴辣也叫"辣锥"或"纳锥"，学名大刺鳅。想要获得巴辣，不能捕，只能钓，因为这种鱼喜欢藏进沿河的石缝或洞穴中。它们以捕食小型的无脊椎动物和部分植物为主，所以钓巴辣最好以蚯蚓作为诱饵。巴辣看到蚯蚓后，张口就咬，很容易钓到。但麻烦的是，钓巴辣容易，取巴辣难。因为巴辣咬住诱饵后就不轻易松口了，而且它们的脊背上有一排尖刺，很容易将人刺伤。巴辣的吃法以香煎为好，鱼肉里的刺比较少，肉质非常鲜嫩，吃起来口感十分好。

　　鲫鱼也是广西河里常见的鱼，人们在河里钓到比较多的就是这种鱼。鲫鱼相对于鲤鱼而言，个体要小一些，色泽也比较淡。袁枚在《随园食单》里说到，选鲫鱼，要选身子有点扁而且带点

　　白色的，这样的鱼肉比较嫩，比较松，这样"熟后一提，肉即卸骨而下"。此外，他还认为，吃鲫鱼最好的办法是清蒸，其次是煎，或者做羹、煨烤。比较常用的方法是将鲫鱼两面煎黄后，加入清水，熬出一锅浓白的汤，出锅撒点葱花，白中嵌绿，看着好看，闻着诱人，喝下一碗，清爽无比。

　　蓝刀鱼也是广西河里比较普遍的一种鱼，它的体形狭长，背

● 香煎蓝刀鱼

部青色，腹部则像一把白色的刀。

烹制蓝刀鱼，清蒸或者油煎都非常美味。在百色的澄碧湖边，经常有一些摊位烧烤蓝刀鱼，远远就能闻到香味，令人垂涎欲滴。蓝刀鱼很小，但是肉质很鲜嫩，若是从蓝刀鱼身上片下几片鱼肉，做成鱼生，配上调料，必是很难得的美味吧。这种鱼比巴辣还容易钓到，因为它们爱吃那些浮游在水面的生物，所以只要在鱼钩上钩一些饵料或一点羽毛，在水面左右上下甩动，很快就会有鱼儿上钩，有经验的人甚至甩几下就能钓到一条。

鲇鱼，尤其是红水河里的大鲇鱼，最长的接近 1 米。鲇鱼喜欢逆流而上，因而身形颀长，肉质紧实，加油盐直接焖熟，极为美味。

《食经》里说鲇鱼"主虚损不足，令人皮肤肥美"。鲇鱼好吃又营养，自然很受人们的喜爱。广西现在打着"灵马鲇鱼"招牌的餐馆就很多。

灵马鲇鱼是南宁武鸣灵马镇的一道佳肴。正宗的灵马鲇鱼，当然要选没有污染的大河里的鲇鱼，剖好切成块，拌盐，放入油锅煎至金黄后，加入油豆腐、西红柿、菜椒、洋葱等配菜以及酱油、淀粉、姜片、辣椒酱、黄酒等调味料翻炒，盖上锅盖文火焖几分钟，然后揭盖翻匀鱼肉，文火再次焖透，最后加入适量大蒜、葱提味增香即可。

再说南宁，邕江边的鱼餐馆很多。邕州老街这一带的鱼餐馆，经济实惠，品种也多。有一种吃法：挑选一条新鲜的赤眼鱼，锅中加入冷泉水，放入鱼，放点儿生姜、料酒，加热。水开片刻加盐，吃肉喝汤，同时突出鱼肉和鱼汤的鲜美。此后就着鱼汤加点牛羊肉片什么的，成就一个"鲜"字。

正所谓至简则至鲜。这是最原始也最简单的味觉体验。

吃青菜的心得

　　广西可以说是中国的"南菜园"，无论是气温、光照、雨水还是土壤条件，都非常适宜种植蔬菜，这也使广西这些年来逐渐发展成了国内重要的"南菜北运"基地、"西菜东运"基地和粤港澳优质"菜篮子"基地。这里出产的青菜，品种丰富。有一些是我们常见的，比如小白菜、菜心、芥菜、生菜等；也有一些比较具地方特色的，比如蕹菜和红薯叶。

　　蕹菜也叫空心菜，广西很多地方都种植蕹菜，但最好的蕹菜只在广西的博白出产，也只有这里的土地能生长出如此奇特的青菜。普通的蕹菜只长至30～40厘米，但博白蕹菜却可以长到1米以上。平常送礼，送水果、送茶叶都很常见。但在广西，送礼也有送蕹菜的，可见其珍贵。

　　吃蕹菜，博白人喜欢煮成青菜汤，被誉为"青龙过海"，菜汤喝着清润爽口，蕹菜则嚼着鲜、脆、嫩。一位诗人在品尝博白蕹菜后，留下了"席间一试青龙味，半夜醒来嘴犹香"的诗句，道出了蕹菜的美好。

　　除了这道"青龙过海"，吃蕹菜，人们最喜欢的烹制方式是

● 素炒博白空心菜

蒜末爆炒。因为火候足够，蕹菜保持着鲜嫩翠绿的颜色，看起来非常诱人，蒜末的味道融合在蕹菜的鲜脆中，简直满口生香。

蕹菜去叶留梗，切成小段，和蒜末炒至七成熟后，加入一些酸醋和泡好的灯笼椒、红辣椒等，炒出来又是另一番风味。蕹菜脆嫩、酸爽、鲜辣，对味蕾的刺激更加猛烈。炎炎夏日，一碗白粥，就一些酸蕹菜梗，开胃消食。

要说这送粥的菜，还有一道必须是酸笋红薯叶。

红薯叶是广西非常常见的一种菜，但在别的地方，却几乎不太见端上餐桌。

　　广西光照充足，雨水充沛，红薯藤的嫩端掐下来炒菜后，没过多长时间，吸收了阳光雨露的红薯藤又会长出新芽，待长一些，又可以摘来吃。红薯叶一年四季都有，可以说是非常实在的一道家常菜。

　　红薯苗摘取后洗净，需要将叶茎上的一层难以咬断的薄皮剥下再进行烹煮，不然没有经过处理的叶茎会难以嚼断，影响口感。剥皮处理过的红薯叶加蒜米清炒，清爽脆嫩，是广西人的家常菜。但是，以前在农村，人们是不吃红薯叶的，多拿去喂家畜。有些美味的食物需要经过时间的沉淀才能被发现，没发现之前可能存在一些不常被人道来的"黑历史"。

　　红薯叶拥有比一般蔬菜高出 5 ～ 10 倍的抗氧化物以及丰富的维生素，具有提高免疫力、预防贫血等功效，还能有效地帮助身体排毒，预防便秘。

　　酸笋红薯叶则是具有广西味道的烹炒方式，口感独特。酸笋切丝，先下锅焐出一些水分，再放油，加入蒜米和一点儿小红辣椒爆香，加入新鲜红薯叶快速翻炒，不管是从视觉上还是味觉上，都完美地诠释了中国饮食体系中"五味调和"与"和而不同"的和谐互动。酸笋的酸好似香水的前调，为红薯叶的清香爽滑做好了绝妙的铺垫，放入口中，微辣收尾，不禁感慨：这才是吃草似神仙啊！

不一样的笋

广西峰峦连绵，气候温润，特别适合竹子生长。宋代周去非在《岭外代答》中记载："岭南竹品多矣，杰异者数种。"竹林产笋，这是来自大自然的馈赠。因此，广西人食笋的历史也很悠久。《吕氏春秋·本味篇》中说："和之美者，阳朴之姜，招摇之桂，越骆之菌，鳣鲔之醢，大夏之盐。"这里的"越骆"指的是现在的广西地区，"菌"指的就是笋。

广西比较知名的笋有八渡笋和火烧笋。

八渡笋因出产于广西田林县八渡瑶族乡而得名。这里位于驮娘江畔，海拔760多米，自然生态环境优良，空气清新，水分充足，土层深厚肥沃，所产八渡笋形体粗壮，肉质肥厚，特别脆嫩，味道清甜，营养丰富。据《西林县志》记载，清朝时八渡笋就曾被列入朝廷贡品。

八渡笋最特色的吃法，不是鲜吃，而是制成笋干。每年6～8月，是八渡笋破土而出的季节。村民们并不急于采收，而是耐心等待，待笋条长到1～1.2米，才将其砍收。收回家的笋条，照着纹路，将笋壳剥开，露出洁白细嫩的笋肉。然后将笋切成段或细条，

放进大锅中猛火煮熟，再放进箩筐中发酵 20 天左右，取出后放到太阳下平铺晾晒。慢慢地，八渡笋脱水，变得金黄透亮。

吃的时候，只需提前 24 小时用清水浸泡，再搭配各种食材，就可以做出不同味道的八渡笋菜式。百色一带的全笋宴，就是八渡笋不同做法的汇集。

浸泡好的笋丝，炒干后，加入焯过水的老鸭肉块，略炒，再加入清水，一起倒进砂锅中炖煮 40 ～ 60 分钟，一锅美味的笋丝老鸭汤就做好了。笋的甜和鸭的鲜糅合在一起，汤汁鲜美，味道浓郁，让你赞到词穷。

笋干焖腊猪腿，也是一道特色菜。过年做的腊猪腿，这时候切下一段，与泡好炒干的笋片一起焖煮，荤与素交融，吃起来爽口不腻。

笋干与带皮的毛南菜牛肉一起焖煮，味道也是一绝。

火烧笋主要出自融水元宝山，多在重阳节采摘，因此也叫重阳笋。元宝山常年云雾缭绕。火烧笋集天地精华，长得白嫩干净，带壳放进火中烧熟，剥开即可食用，火烧笋的名字也因此而得来。

火烧笋长得细小，吃起来脆嫩爽口，味道清甜。宋代林洪的《山家清供》称鲜笋为"傍林鲜"："夏初竹笋盛时，扫叶就竹边煨熟，其味甚鲜，名曰傍林鲜。"明代高濂的《四时幽赏录》中亦记有此法："西溪竹林最多，笋产极盛，但笋味之美，少得其真。每于春中，笋抽正肥，就彼竹下，扫叶煨笋至熟，刀截剥食。竹林清味，鲜美莫比。人世俗物，岂容知此真味。"火烧笋鲜炒或和腊肉炒，都很美味。采得多了，晒干慢慢吃，用来焖猪脚是最受欢迎的，当然，焖五花肉也是一样好吃。

广西还有可以直接炒着吃的甜笋，市场上常见有卖，一盆一盆的，泡在清水里，颜色鹅黄，十分鲜嫩。买一点回家，过水洗净，可以和猪肉、牛肉等搭配。李渔就说过："以之（笋）伴荤……肉之肥者能甘，甘味入笋，则不见其甘而但觉其鲜之至也。"笋和肉类一起炒，荤素搭配，然而最后笋却成了主角，肉成了配角，可见笋之好吃。

唐代白居易在《食笋》中说："每日遂加餐，经时不思肉。"就是说吃到好吃的竹笋，肉都不想吃了。确实如此。

● 鲜笋炒腊肉

好山出好水

　　桂平这个地方，盛产各种好吃的，如乳泉酒、罗秀米粉、腐竹、麻垌荔枝、西山茶，想想主要还是因为桂平水好，这里有著名的乳泉。

　　桂平西山众多的甘泉之中，以龙华古寺左侧的乳泉为最佳。清代《浔州府志》中说，乳泉"清冽如杭州龙井，而甘美过之。时有汁喷出，白如乳，故名乳泉"。乳泉甘美，是因为泉水含矿物质特别少，含量约为一般江河水的 7%，是最适宜饮用的天然优质软水。另一个原因是含天然氧特别多，能跟茶和酒中的杂质发生化学作用，将杂质挥发掉。所以用乳泉水泡的茶特别香，用乳泉水酿的乳泉酒特别醇。乳泉酒素有"广西茅台"之称。

　　唐代陆羽在《茶经》中说烹茶"其水，用山水上，江水中，井水下。其山水拣乳泉、石池漫流者上"。这说的就是桂平乳泉啊！还有，"用山水上"，这里的"山"，说的大概就是广西融水的元宝山吧。元宝山主峰海拔 2084.7 米，整个山区峰回水曲，飞瀑一个接着一个。清澈的贝江全长 146 千米，穿流于峰峦间，贝江的源头就出自元宝山。从长江流域迁徙而来的苗族沿袭自己的稻作文化，种糯米，在稻田里养鱼、养鸭。元宝山实际上是一个完整的生态系统，这里是原始森林，稻作文化一如既往。所以说元宝山实际上没有污染，稻田没有化肥农药污染，否则鱼养不了，鸭子也没有虫吃。原始森林吸收的是天地精华，变成流水淙淙，滋润大地苍生，可以说是一片难得的净土了。丰收就是过节，稻田里抓的鱼要现场烤着吃。山上长着野生的香菜，采来洗净后切碎装碗，加点盐，山泉水一加，就是最好的蘸料。吃虫的鸭子叫作香鸭，煮熟后用剪刀剪着吃。距离元宝山顶还有100米的地方，有一片野生茶林。闲暇之时，来此处放松身心，可以带着苗家的糯米饭、大米、酒、熏肉，还有锅碗等用具，一路上采挖些野山笋。1800多米高的地方还有潺潺流水集成的小水潭，纯净得让人心动。打水来煮成糯米熏肉山笋粥，此时此地此景，吃下用这些原生态食材熬煮的粥，山笋鲜甜滋润，熏肉肥美不腻，满满地知足感。再饮几杯元宝山水酿制的米酒，下山脚不打飘。

野茶采来后，杀青炒干。待客之时，山水烹煮，油茶飘香，自然温情，咸和辣都压不住它的甜。

另外，所谓的山水也要分什么样的山，广西以巴马为主的长寿区域包括都安、凤山、凌云、乐业、东兰等地区。长寿的秘诀很多，其中最重要的是天天饮用的水。典型的喀斯特地貌造就了这里天然的弱碱性水。所以，如果你向往长寿，到巴马或是它周边的几个县待着就可以。

广西有条山脉叫作六万大山，有人说六万大山的"六"，在

壮语中是"水"的意思，"万"是"甜"的意思，意思就是水甜的山。这座水甜的山孕育了沟通大海的北流河和南流江，而汉武帝的帝国梦就是从古都长安出发，通过长江流域进入岭南，经过秦始皇开凿的灵渠，沿桂江抵梧州，转北流河、南流江至合浦，海上丝绸之路从此扬帆，汉武盛世名传海外。承载这段历史的，是水，更是人。

● 水净茶自香

三朵花

扫码看视频

很多人对茉莉花的印象，来自那一首优美动听的歌曲《茉莉花》，但广西是中国乃至世界的茉莉花之乡，就不一定知道了。

横州市，位于广西的东南部，是世界茉莉花和茉莉花茶的生产中心，每年茉莉鲜花产量占全国总产量的80%以上，占世界总产量的60%以上。

横州的茉莉花出花比较早，每年4月就开始开花，花蕾饱满，色泽洁白如雪，香气芬芳浓郁，而且花期长，一直开到7月。

宋代范成大的《桂海虞衡志》中记录了茉莉花的特点："花亦大，且多叶，倍常花。"姚述尧在《行香子·茉莉花》中形容茉莉花"天赋仙姿，玉骨冰肌……香风轻度，翠叶柔枝。与王郎摘，美人戴，总相宜"。

茉莉花不仅好看，而且药用价值很高。清代名医王士雄的《随息居饮食谱》说茉莉花"辛甘温。和中下气，辟秽浊，治下痢腹痛。熏茶、蒸露、入药皆宜"。茉莉花气味芬芳，向来受人喜爱。宋代诗人江奎就说过："他年我若修花史，列作人间第一香。"茉莉花入茶，由来已久。宋代柳永在《满庭芳·茉莉花》中写道：

"浸沉水，多情化作，杯底暗香流。"写的就是茉莉花茶芬芳醉人。横州茉莉花茶自然芳香浓郁，茶汤黄绿清澈，口感醇厚自然。

但横州的茉莉花，并不仅仅局限于入茶。茉莉花凉拌海蜇皮，海蜇的鲜中带着茉莉花的清香，清爽可口，确实很独特。用茉莉花来熬粥，清淡中蕴含着丝丝花香，不仅爽口润喉，还有疏肝理气、美容养颜的功效。茉莉花还可以炒鸡蛋，或者与冬瓜、骨头一起熬汤，或者做茉莉豆腐、茉莉银耳羹、茉莉醪糟汤、茉莉糕点，都很不错。

横州以茉莉花为中心，构建了一个茉莉花茶、茉莉盆栽、茉莉食品、茉莉旅游、茉莉用品、茉莉餐饮、茉莉药用、茉莉体育、茉莉康养的"1+9"产业框架。横州依托茉莉花建起了中华茉莉园、中国茉莉花茶交易市场以及茉莉花茶博物馆。横州校椅镇入选了全国特色小镇，漫步其中，处处能感受到小小的茉莉花给当地带

● 茉莉花

来的生机与希望。

在广西，像茉莉花一样散发着怡人馨香的还有另一朵花。

广西简称"桂"，和桂树、桂花有直接的关联。桂花树叶脉络像圭因而称"桂"，桂花是中国传统十大名花之一。桂林一带桂树成林，走在路上十里芬芳。桂树也是各地的绿化、美化、香化树，香香的桂花自然被人们引入了美食当中。

以桂花做原料的桂花茶是广西特产茶，香气柔和，是花茶中的经典。

古人认为桂为百药之长，所以用桂花酿制的酒有"饮之寿千岁"的功效。在神话中，月宫里的吴刚酿饮桂花酒；而在广西，"吴刚"是桂花酒的知名品牌。

桂花糕是用糯米粉、糖、植物油等原料加入天然的桂花制作的。有些桂花糕像松糕，吃起来松软绵甜，口感细腻；有些像水晶糕，看着晶莹剔透，吃着如果冻一般爽滑。无论是哪种桂花糕，吃的时候，唇舌之间都能感受到桂花的缕缕清香。

桂花树极富中国传统文化内涵，是崇高、贞洁、荣誉、友好、吉祥的象征，古时夺冠登科、仕途得意谓之"折桂"。桂花虽小，但它清丽脱俗的内在气质却深深吸引着人们。

提到气质，这里要说说广西这朵高贵而独特的金花。

金花茶堪称植物界的大熊猫，是国家一级保护植物。

金花茶的美十分独特，蜡质的花瓣让你怀疑眼前的花不是真的，金黄的颜色只有美丽的大自然才能调制出来，无数的花骨朵像一盏盏灯点亮了幽深的丛林。金花茶的发现填补了茶科家族没

有金黄色花朵的空白，其观赏价值无与伦比。自然界已知金花茶种数的 28 个（含变种）都汇集在广西防城港市防城区。金花茶这几年开发出饮用的功能。金花茶具有明显的降血糖和尿糖作用，能有效地改善糖尿病"三高"症状，有效降低血脂，改善因高血压而引起的各种不适症状，是新兴的保健食品，真的是一片挂在树上的"黄金"。

与金花茶伴生的，是这里自然生长的原始茶树，同类的植物会呈现那么大的表面差异，大自然造物实在神奇。科学家认为金花茶这一物种的形成需要漫长的时间，而野生的茶树往往是与金花茶形影相随的。这么看来，广西很可能就是茶的原产地了。

听说防城港市在建金花茶小镇，太应该了。

三朵小小的花带出了一系列产业，称得上是广西的三朵"金"花。

● 金花茶

调料很讲究

五味调和百味鲜。《吕氏春秋·本味》记载："调和之事，必以甘、酸、苦、辛、咸，先后多少，其齐甚微，皆有自起。"说的就是油盐酱醋，酸甜苦辣，都有先后主次，要放得恰到好处，不能过头，也不能没有。

在广西人的饮食习惯中，调料占有非常重要的地位，也很讲究。这里说的讲究，不是指制作过程有多复杂，而是不同的菜肴，要搭配不同口味的调料，相得益彰，才能锦上添花。

以白切鸡为例，白切鸡的特色是保持原味，若调料过于复杂、重口，必将使其原味被掩盖，丧失了特色。广西人吃白切鸡，常用的蘸料很简单，一点酱麻油加一点沙姜、蒜末、葱末。白切鸡本身自带香甜鲜味，用简单的蘸料，就能使食材在保持原味的基础上增色增香，味道更加鲜美。

白切鸭虽然也是白切，但调料和白切鸡大有不同。广西人吃白切鸭，喜欢用酸来提味。有一种蘸料是把嫩姜切成细丝，加入白醋即可；还有一种是用加入醋的鸭血烹制成醋血酱；若是以酱油加葱姜蒜末调制味碟，也要加一点儿现挤的青柠汁进去。与白

醋相比，青柠汁不仅酸爽，还散发着水果的清香，闻着更加诱人。这种用酸来提味的做法，使鸭肉吃起来更鲜香可口，真正是画龙点睛之笔。

　　广西桂林有一种特产，叫腐乳，是"桂林三宝"之一。这种腐乳是广西人做菜时常用到的一种调味料，尤其是做扣肉时，腐乳是不可或缺的。清代美食家袁枚就称赞说："广西白腐乳最佳。"腐乳的主要原料是黄豆，制作过程和豆腐差不多。黄豆经过 24 个小时浸泡，吸足水分膨胀后，用石磨研磨，滤掉豆渣，这样做出的腐乳会更加细腻有弹性。滤好的豆浆煮开，一般做豆腐用石膏点浆，但做腐乳用的是酸浆。在乳酸的作用下，豆浆变成豆花，放进格框中压榨成型，变成豆腐坯，然后切成一块块码放到竹条上。豆腐坯经过一段时间的充分发酵，就会生长出细小的菌丝、绒毛，变成毛豆腐。发酵的温度一定要合适，桂林人制作腐乳的季节一般是在秋季。把发酵好的毛豆腐放入一个大的盆中，加入盐、辣椒等调味料，翻拌豆腐与调料充分接触。之后将豆腐装入坛中，浇入高度数桂林三花酒，密封发酵 3 个月。做好的腐乳散发着诱人的香气，看起来外皮红润，内里奶黄，尝一口，细嫩绵滑，鲜香醇厚，是上好的调味品。

　　广西人的调味料，还少不了各种酱。辣椒酱、黄皮酱、沙蟹酱、鱼露、糟辣酱、柠檬酱……不同的酱搭配不同的食材，调出的滋味也是各不相同。

　　和腐乳一样，辣椒酱是"桂林三宝"之一。现在去桂林旅游，常能看到一些店家在店门前现场剁辣椒，制作辣椒酱，吸引不少游客驻足观看、购买。吃桂林米粉时，喜欢吃辣的，可以加一点儿辣椒酱，吃起来更香。桂北一带冬春季节都比较湿冷，在菜肴中加点儿辣椒酱，开胃又暖身。

广西天等的指天椒酱，也是名声在外，其味香辣、浓郁，吃过的都难以忘怀。天等一带出产的指天椒，果虽小，肉却厚，个个朝天，看着精神抖擞，色泽鲜红，自然新鲜。现在市场上能买

● 各式调料

到的天等指天椒酱有蒜茸、柠檬、酸梅、山黄皮、泡椒、豆豉等各种不同口味。吃面条，加点蒜茸味的；吃米粉，来点山黄皮味的，也很不错。只要一小勺的指天椒酱，就能让食物变得更加诱人。即使是素面条、素粉，配点指天椒酱，也很好吃。

　　若是吃肠粉，黄皮酱是一定要加的。黄皮酱用山黄皮来做，是一种果酱，酸甜可口，很受人喜爱。在晶莹洁白的肠粉上，淋上一勺黄皮酱，色泽鲜明，口感细腻嫩滑，唇舌间还能品味到淡淡的果香，风味实在独特。山黄皮是广西的一种很特别的水果，只有在崇左市大新县、龙州县的石山地区才有生长。山黄皮个儿很小，但香气诱人。山黄皮吃起来有点酸，不适合直接食用，但拿来入菜，却别有风味。制作柠檬鸭、蒸鲇鱼等都可以加入山黄皮来调味。

　　沙蟹酱也是让人很难忘的一种酱料，因为完全是用生的、新鲜的沙蟹来制作。沙蟹酱闻着鲜腥，但吃起来却很香。这有点像臭豆腐，闻着臭，吃着香。广西北海、钦州、防城港一带，人们吃白切鸡的时候喜欢蘸沙蟹酱，或者用来焖豆角，吃起来非常鲜美。

　　鱼露闻起来也有点腥臭，但味道非常鲜美，在这一点上很难有其他的调料能与之媲美。海鲜配鱼露，鲜上加鲜。平常烧制家常菜，滴几滴鱼露，味道也会更加鲜美。

　　香糯糟辣酱是广西柳州的特产，入菜的频率也很高。柳州一带居民制作红烧糟辣罗非鱼、糟辣扣肉、糟辣猪手、糟辣板筋都少不了这种香糯糟辣酱。糟辣酱以红辣椒为原料，加入香糯米甜酒、米醋、肉姜、香蒜等各种配料制成，吃起来酒香浓郁，酸甜可口，风味独特。

广西崇左市宁明县盛产一种野生的柠檬，和辣椒等一起陈年腌制，做成酱料，味道也非常独特。制作柠檬鸭的时候，加一点这种柠檬酱，吃起来才够味。柠檬酱还可以拌粉、面、饭，味道香醇可口，非常解腻开胃。

正因为有各种独特的调料，广西的美食才拥有了自己的特色。即使是简单的吃法，也能吃出生活的鲜活劲儿。

吃到后来是糖水

　　广西一年之中的大部分时间是温暖炎热的，尤其是夏季，不仅闷热，还很潮湿。因此，几乎每个广西人的一生都在与湿热"对抗"，人们煲汤、喝凉茶，期望从食物中获得祛湿降火、滋补养生的方法。

　　糖水，由于讲究"去燥平和"，是广西人一年四季都离不开的美味。

　　制作糖水，离不开糖。广西就是全国最大的蔗糖生产地，这为广西糖水的产生、延续提供了基础。广西冰片糖熬煮出来的糖水，汤清无浊，甜而不腻，最能滋润人心。

　　和广东糖水、港式甜品的精细、繁杂不同，广西糖水的取材更趋于本土化，多选用山草药和天然食材，更为质朴天然。

　　广西特色糖水，首推槐花粉。旧时夏天的时候，在南宁的街头常见一些流动的三轮车小摊，挂着一个随车摆动的"糖水"招牌，其中糖水必有一道是槐花粉。槐花粉用槐花和大米做成。古代的药书说："槐花者苦、微寒，有凉血、止血、清肝泻火之功。"槐花和大米先混合在一起，打成浆，加水煮熟成糊状，趁热倒进漏勺中，使其通过漏勺，流进凉开水中，米浆遇冷迅速凝结，形成一条条如小蝌蚪形状的细粉。盛一碗，倒入冰镇的红糖水，糖水清澈，槐花粉金黄透亮。舀一勺，入口甘甜，嫩弹爽滑，清凉惬意中夹杂着丝丝槐花的怡人香气，所有的燥热都会在一瞬间消散。

和槐花粉同样爽口滑嫩的，还有凉粉。凉粉有黑白之分。黑凉粉以天然的植物仙草为主要原料制成，富含果胶和纤维素，具有仙草固有的天然芳香和清凉本性，清热消暑，口感爽滑。白凉粉以植物凉粉胶等原料制成，晶莹剔透、清爽可口。黑白凉粉混合在一起，加上一勺冰镇的红糖水，滑滑嫩嫩，便是夏季消暑的好物。

龟苓膏的口感和黑凉粉一样也很爽滑，但味道却不太相同，龟苓膏伴着微微的苦，又有丝丝的甘甜。传统龟苓膏以药材为原料，主料是鹰嘴龟和土茯苓，配以生地、蒲公英、银花等，具有清热解毒、滋阴补肾、保健养颜等功效。但鹰嘴龟已被列为保护动物，龟苓膏在配方上自然也会有所变化，但依然广受欢迎。许多糖水店在原味龟苓膏中，添加桂花、蜂蜜、炼奶、蜜豆等，以此作为自己的招牌，极大丰富了龟苓膏的种类和口感。

像槐花粉、凉粉、龟苓膏这一类糖水，制作起来比较麻烦，大家一般都是从糖水铺里买来吃。而家常制作糖水，则会选择比较常见的食材，比如芋头、红薯、木薯、甜玉米之类。

犹记得小时候，每到木薯丰收的季节，奶奶就会煮一碗甜甜的木薯糖水。木薯非常软糯，糖水橙黄，甘甜清香，吃了还想吃。

但奶奶"狠心"，绝不给第二碗，因为"吃多了会醉"。长大后才知道，原来木薯中含有氰苷，生吃确实有中毒的可能。所谓的醉，应该是吃了木薯以后产生的一种轻微中毒的症状。那个年代，食物缺乏，木薯是主食之一，可能处理不当，控制不好量，老一辈有过"醉"木薯的经历。其实，经过切断、泡水，煮熟后的甜木薯是可以适当食用的，味道真的很好。经过品种改良的面包木薯是不含毒性的，现在很多糖水店里都有木薯糖水，偶尔吃一次，还会想起奶奶说的"吃多了会醉"的那句话，不免睹物思人。

芋头糖水、红薯糖水和木薯糖水一样，都是先把芋头、红薯切成小块，加入冰片糖和清水熬到软糯，可趁热吃，也可以放凉或冷藏后再吃，味道都很不错。

记忆再回到二三十年前，电视里经常有一则广告："黑芝麻糊哎——""一股浓香，一缕温暖。"这则黑芝麻糊的广告，给人的印象非常深刻，堪称经典。黑芝麻糊也是广西人的一道甜品，是广西人共有的童年记忆。芝麻和一定比例的大米、糯米磨成粉，加水煮熟，吃起来格外细腻，香甜绵滑，让人回味悠长。现在店里卖的鸳鸯糊，大多是黑芝麻糊和花生糊搭配在一起组合而成的，口感则更为丰富。

百色的大菜糕也非常有特色，是百色地区独有的，用琼脂、红糖和白糖熬煮冷却而成，看起来晶莹剔透，入口冰凉爽滑，夏天最受欢迎。

百色还有一道糖水，看起来比较奇怪，但也很好吃，叫甜吞。云吞皮包裹着豆沙馅，经过油炸变得酥脆，然后放进姜糖水浸泡

● 传统甜品清补凉

而成。甜吞虽然是油炸的，但被姜糖水浸泡后，面皮酥软有嚼劲，吃起来一点都不油腻，倒是别有一番风味。

　　去逛北海侨港夜市，客人排成长队的店铺，十有八九是糖水店。北海的糖水，确实是一大特色。当地人制作的糖水通常不添加任何调味剂，用料实在，做工考究，品种丰富，花样百出，价格也很便宜。制作糖水的食材以草本谷物为主，如板栗桂圆、芋头西米、绿豆海带、马蹄薏仁等，看起来老少咸宜，健康又美味。下次若是去北海，一定要去吃一碗糖水。

　　吃着糖水，吹着海风，好不惬意。

北部湾畔鲜味浓

真正的煲，合浦来诠释

　　在广西，说起海边，人们都向往北海、钦州、防城港，觉得离海越近越好。其实，感受海洋文化，合浦是发源地，最正宗。

　　合浦县，隶属于北海市，位于广西南端，北部湾东北岸。合浦县历史悠久，文化底蕴深厚，是中国汉代海上丝绸之路的始发港之一，盛产珍珠、对虾、青蟹、各种海鱼等海产品，海洋生物多达 1500 种，是中国"南珠之乡"。

　　据《汉书·地理志》记载，携带黄金和各种丝绸纺织品的使者从合浦港扬帆出海，出使东南亚和南亚诸国，与沿途国家进行友好公平的贸易。今天，这里已被现代化的港口所替代，但却留下了许多珍贵的历史文化遗存。2017 年 4 月 19 日，习近平总书记来到合浦考察，参观了合浦汉代文化博物馆，强调要写好新世纪海上丝路新篇章。在这里，围绕古代海上丝绸之路陈列的文物都是历史，都是文化。

　　如今，打卡合浦汉代文化博物馆已经成为热点。看了好看的，总得吃点好吃的吧。地理位置决定了合浦美食的特色——靠海吃海。合浦美食的制作一直遵循本位调和的原则，注重菜式主料自身的味道,配料不繁杂,避免喧宾夺主。主材各种搭配,调料简单,一般去腥提鲜即可。最能体现本位调和的海鲜菜式就是鱼煲。这个名字听上去有点"草根"的感觉,其实却是一道精致的菜。做法并不复杂,只要原料够新鲜,在家也可以做这样的名厨菜。做鱼煲所需的食材为当地的芒鱼、海虾、海蟹、鱿鱼等,只要是海鲜,似乎都可以加入进来。鱼煲必须用当地特产的沙煲烹制,这是一种高温陶器,能耐1700多摄氏度的高温,用来熬粥、煮饭、炖汤,可保持食品原有风味,香醇可口。鱼煲的配料有豆瓣酱、豆腐乳、蒜米、姜片、葱白等。烹煮方式很简单:先把油倒入煲里烧热,将蒜米和姜片放进油里爆香,用水稀释豆瓣酱、豆腐乳等调味料,倒进去搅拌均匀,加大火烧开,把鱼、虾、蟹等放入煲内加盖煲几分钟,水开后撒上葱白、芹菜段即可。

在香气缭绕中,鱼、虾、蟹等美味相互作用、相互调和,汤汁格外香甜。这种大道至简的方式,还原食材的天然滋味,才是人们追求的饮食最高境界。

红树林的果实

　　作为桂菜重要组成部分的滨海菜，你了解多少？如果你以为在钦北防地区只有虾蟹虫鱼这些海鲜吃，那你就孤陋寡闻了。海鲜，可不仅仅只有海里的动物，来自大海的植物——红树林的果实，同样是大自然的馈赠。

　　"红树林"这个名字对于北方人来说可能比较陌生，我们大概会联想到秋天的枫林，火红一片。实则不然，红树林是自然分布在热带、亚热带海岸地带的植物群落，以红树植物为主，大都是绿色的。它们是绿色的"海岸卫士"。虽没有高大躯干，可枝干盘根错节扎于滩涂，保持着矫健身姿。它们与风云共舞，与海天辉映，向世人展露着少有的坚韧。它们的枝干根部长有许多指状的气生根，露于海滩地面，退潮或潮水淹没时用以通气。红树林还是一片孕育神奇的海滩。它们不是靠种子发芽的，而是神奇的"胎生"繁殖。种子在母树上的果实内萌芽，长成小苗后，同果实一起从树上掉下来，插入泥滩，只要两到三个小时，就可以成长为新株。未能落地的胚苗，则随洋流漂泊，择邻而居，逢泥便生根成长。

　　白骨壤是组成红树林的众多植物中的一种，根系发达，喜欢长在淤泥与滩涂中。果实俗称"榄钱""海豆"，呈扁圆形，是热带海岸居民的季节性蔬菜。据统计，北海市天然红树林面积有3000多公顷，其中白骨壤约占红树林面积的53.8%。

　　榄钱清甜微苦，咸香爽口，十分特别。但要吃到它其实颇费一些工夫。根据生长情况不同，一棵白骨壤结出的榄钱从十几公斤到几十公斤不等，这些果实成熟后大多数都会在涨退潮过程中被海水带走，只有少数会留下来。而渔民们只能趁海水低潮的时

● 红树林的果实

候，一大早到红树林里采摘。刚从树上摘下来的榄钱是不能食用的，须用小刀切除果皮并去心，然后用水煮沸，再经过一至两天的清水浸泡，这样才能除去榄钱的苦涩味，吃起来口感更好。经过加工处理后，榄钱就成为一种纯天然的海洋绿色食品，尤其是用它与海螺搭配烹调，味道十分清香可口，如车螺焖榄钱便是一道家喻户晓的特色风味菜肴。榄钱性凉，具有清火利尿的功效，为此榄钱这种绿色食品更受人们的喜爱。而这样一道健康的美食，即使是产地的渔民，也只有每年7～8月榄钱的成熟期才能尝到鲜。

　　榄钱是红树林的馈赠，是大自然的给予。在陆地与海洋的交界地带，红树林像母亲庇护孩子一样，维持着食物链复杂的系统，是物种基因和资源的宝库。潮起潮落间，生命生生不息。在这一涨一退之间，红树林里包含了所有来自陆地和海洋的信息，物质和能量就此交换。

● 车螺焖榄钱

海边人钟爱"一鲳二芒三马鲛"

　　海鲜的品种很多，单单是鱼就能让你眼花缭乱。"一鲳二芒三马鲛"，这是北部湾居民的食鱼优选清单。海里的鱼按好吃以及食客的喜爱程度排行，那是鲳鱼第一，芒鱼第二，马鲛鱼第三。

　　清代王士雄的《随息居饮食谱》中有关于鲳鱼的记载："甘平。补胃，益血，充精。骨软肉腴，别饶风味。"鲳鱼价格亲民，随处可以看到它的身影。作为食客，当你选择困难时，首选鲳鱼即可，便宜又好吃。虽然骨软肉腴，但紧实不松散，不需要复杂的料理，

● 香煎鲳鱼

清蒸、香煎或红烧，怎么做都好吃。虽然鲳鱼已经可以人工养殖，但是数量不多。要想吃到真正好吃的野生海鲳鱼，可以到金滩的渔码头和企沙渔港去候着，会有意想不到的收获。

与其他鱼不同，芒鱼的品种和口感大异于其他鱼类，它属于鲇鱼的一种，应该是鳠之类，称作海鲇鱼比较合适。咸淡水交汇处产生的丰富有机物造就了芒鱼的肥美，因为个头较大，所以不适合整条食用。以"肥胖"驰名的芒鱼做鱼煲是最好的。芒鱼切块，先在煎锅里稍微煎制而不需出油。然后以姜丝、蒜段与芹菜做配料，便可让肥美的芒鱼变得清新雅致，最后用砂锅小火烹饪。出锅的芒鱼，醇厚油亮，香润可口。芒鱼能单独撑起大场面，也能和鱿鱼、大虾等搭配，成就合浦著名的鱼煲。懂行的人知道，这才是去合浦一定要吃的美食。到了街边小巷里老字号的招牌店，不用花很多钱，就可以找到海的感觉。

与鲳鱼和芒鱼相比，马鲛鱼可以说是外貌与内涵兼备，既好看又好吃。马鲛鱼流线型的身段看起来十分矫健，它始终高速游动，离开海水，很快就会死掉。因此，新鲜的马鲛鱼便成了海边渔民们专属的福利。马鲛鱼油煎最是美味。将新鲜的马鲛鱼横着切成不厚也不薄的段，煎至两面金黄，撒上少许盐，不需更多的配料就很鲜香。

华灯初上，海边城市的大街小巷，随处可见海鲜大排档。三五个人，挑几样海鲜，鲳鱼清蒸，芒鱼做鱼煲，马鲛鱼可以香煎，点两个青菜，喝几两小酒，话匣子一开，南腔北调，手舞足蹈，便是一个热闹的世界。

离不开海的粉和粥

　　广西北部湾沿海，靠海谋生的渔民不计其数。在长期与大海相伴的日子里，渔民们不但从大海的浪涛中磨炼出粗犷的性格，掌握了航海、捕鱼等技术，还在日复一日的生活中形成了独特的渔耕文明，包括许多与海相关的饮食文化，例如海鲜粉和海鲜粥。

　　在广西任何一个地方，早餐吃米粉都是很好的选择，到海边也不例外。到海边自然是吃海鲜粉。但事实上，一碗好吃的海鲜粉不光有海鲜，还有各种肉类辅料的搭配。对于吃，广西人都能做到物尽其用。每日取现杀猪的内脏，与清晨刚刚捕捞上岸的海虾、鱿鱼、螺贝肉，配上手工制作的切粉和用猪骨熬制的汤底，怎一个"鲜"字了得？

　　沿海城市，最闪亮的一张名片就是用各种海鲜烹制而成的食物。到东兴，如果有人建议你去品尝天下第一粥，那你应该去尝试一番。这个美丽的边城对面，就是越南的芒街，东兴的民居建筑，大多数是请越南的工匠来做装饰的，讲究而有特色，异国风味的融入让这个小城市与广西其他城市不同。靠近口岸入关处的"天下第一粥"店就在骑楼建筑群里，虽毫不起眼，但香味却盖不住。

粥是现做现卖的，所用原料是海鲜和猪杂，具体说就是虾、蟹、沙虫、泥丁、猪肝、粉肠等，和海鲜粉一样，一切食材都是新鲜的。一边熬一边搅拌，一阵阵香味从锅里飘出，深深地吸一口，鼻腔里仿佛装了一片海。用来熬制的主食材以新鲜为主，越是鲜活的原料，熬制出来的粥就越鲜甜。熬制海鲜粥最好选用砂锅，砂锅密封性好，能将海鲜中的味道充分保留。

"每日起，食粥一大碗，空腹胃虚，谷气便作，所补不细，又极柔腻，与肠胃相得，最为饮食之妙诀。"这是北宋张耒《粥记》所云。粥，不仅能养胃，而且粥里含有各种各样的营养。南方人精明，饮食细致，粥汤的口感和材料超过了它的本质。南方人都爱粥，有时候早上来一碗，有时候消夜来上一口，而喝粥都讲究一个字——滑，说的就是把米煮烂，化入水中，喝时可以吃到米粒的口感以及粥水的清鲜。

海鲜粥最初只是渔民家的便饭。在忙于捕捞的时节，渔民们每天都很忙碌，早出晚归耕海使得他们无法在饮食上花太多的工夫，于是，简单、便捷又不失美味的海鲜粥应运而生。

海边的鸡和蛋

生活在北部湾大海边的人们，吃海鲜已很平常。逢年过节家人团聚，招待亲朋好友，除了海鲜，自家养的鸡自然也是少不了的。鸡肉是我们很喜欢吃的一种美味食材，做法也很多。不过有一点是很重要的，就是食材的选取非常关键。

在广西防城港市光坡镇，有一种肉质鲜美、骨细肉多、香甜可口的优质肉鸡——光坡鸡，它在广西乃至港澳台地区，以及东南亚等国家市场上享有盛誉。光坡鸡采用户外放养，除了稻谷和玉米，不再饲喂其他任何饲料。这种近乎原生态的养殖方式，不但让鸡在生长的过程中有了更多的活动空间，同时也有了更长的生长周期。光坡鸡从鸡苗到成品鸡，至少养八个月，才可以当作商品鸡售卖，出栏的光坡鸡大多为三四公斤重。光坡当地养鸡的农民在判断鸡是否可以上市出售时，看的不是鸡的重量，而是鸡脚上的尾趾。鸡的养殖时间越长，尾趾越长。

烹制品质优良的光坡鸡，白切是它的标配，也可以拿来煲汤、煮火锅、配菜炒着吃等。烹制好的光坡鸡，乍一看与其他鸡并无两样，黄皮白肉，骨头里还带着些血丝。但美食当前，光看外表

是没用的，舌头才最有发言权。如果想要求得鸡的原始口味，可以特意不带佐料地将一块鸡肉塞到嘴里。一口下去，光坡鸡定不会辜负"江湖"上那些赞誉，最为突出的就是一个"香"字，鸡肉结实丰厚，散发的香味瞬间占据你口腔里的所有空间，使你不得不服。

　　看似平淡的食物总有着长情的美味。比如一碗白粥配海鸭蛋。美丽的广西北部湾之滨，距钦州市区不到 10 千米的地方坐落着一片"中国最美的内海"——茅尾海。环绕着茅尾海的是 2700多公顷的红树林湿地，供各类候鸟栖息生活。这里鱼虾繁多，物产丰富，环境优美，海天一色，可谓是鸟类的天堂。而在这片湿地上生活着的海鸭，是钦州特有的湿地物种。潮落而出，潮涨而

● 茅尾海红树林

归，是这里的居民的生活习性。每次潮落，红树林里总会滞留很多小鱼、小虾、小蟹等海洋生物，这些高蛋白的天然饵料就成了海鸭的美味大餐。晚上，回到鸭舍，它们还会进食一些稻谷和饲料，以均衡营养。经过120天的生长周期，海鸭陆续长大，开始产蛋。如果你想现场观摩海鸭下蛋，那可得牺牲睡觉时间了。因为它们一般从凌晨3时开始产蛋，4时左右基本结束。等到清晨，养殖户就会"挨家挨户"地去捡蛋。

　　作为一种不可多得的天然食品，海鸭蛋富含钙、磷、铁、锌、碘、镁、钾、硒等多种对人体有益的微量元素，营养价值高，且胆固醇含量较低，煮时鲜香味美。软软细细的白粥配上海味浓郁的鸭蛋，一碗下去，饱了肚子暖了心，所有的疲惫都能瞬间消散。

一夜造就的美食

　　海边生活的人每天都要面对关于鱼的问题：如何捕鱼？如何吃鱼？如何在保鲜条件有限的情况下处理那些消费不了的鱼？……因此，一种和鱼有关的食品加工方法应运而生——腌制咸鱼。咸鱼可以看作是一种悠久的海洋文化，一个地方捕鱼吃鱼的历史足够悠久，那么吃咸鱼的伴生文化也就会发展起来。

　　北海人爱吃鱼，尤其爱吃咸鱼。在北海人的餐桌上，"一夜情"是鱼很常见的吃法，熟悉海洋味道的人都知道这并非印象中的一枕风流，而是把一条鲜鱼加入盐腌制一夜之后再进行蒸炸的烹饪方法。鱼肉天然的鲜味有了一种掺杂发酵反应的变化，味道变得复杂和隽永起来。发酵食品，是时间和耐心的产物，需要我们怀着一颗期待的心去感受其魅力，才会享受到不一样的味道。在都市的美食店里，"一夜情"这个暧昧的名头和它那鲜浓的味道一起成了最好的营销噱头。但在海边，这或许仅仅是普通平凡的一夜，在浪漫感情之外，品尝到的是生活的智慧。

　　北海地处亚热带，湿热的季节使北海人不爱吃干饭，习惯吃粥。而咸鱼跟粥是绝配。冰鲜的鱼买回来撒上盐花腌上两三个小时，用水洗干净鱼身上多余的盐水，用油煎至两面金黄，出锅。咸鱼经过腌制，肉质结实，煎的时候散发出一种浓郁的咸香，本地人一闻便知。咸鱼吃在嘴里，咸中微甜，使人口舌生津，吃一口鱼，扒一口粥下肚，真是"不要太好吃了"。如果觉得吃煎咸鱼多了上火，把咸鱼加姜丝，也可辅以几片五花肉上锅蒸，肉有鱼鲜，鱼有肉香，一块肉，一口鱼，肥而不腻。这样的咸鱼虽然没有煎的香，倒也不失为一种别致的吃法。

　　咸鱼的品种很多，几乎所有腌盐的鱼都可以叫咸鱼。不过，用汪曾祺的一句话来说，咸鱼的"格"不够高。它只是普通百姓餐桌上的家常菜，登不上大雅之堂。而北海本地有句俗语叫"咸鱼翻身"，形容人在困境中出现转机，或者指过气的人或事再度受人关注。现在生活改善了，百姓餐桌上的食物足够丰富，但人们爱吃咸鱼的习惯没改。如今北海许多饭店为了招揽食客，也在咸鱼上做足了文章。咸鱼茄子煲，把咸鱼略微煎一下，茄子油炸捞起与咸鱼一块放砂煲炖，两种看似互不相交的食物，经过组合，在味蕾上产生奇妙的碰撞，竟没有丝毫违和感，让食客大饱口福。或在酒醉饭饱之后，再上一锅白粥，煎几条咸鱼，这一餐，那才完美。

　　不管走到哪个角落，必点咸鱼稀饭的一定是北海本地人。一条发酵过的咸鱼，是餐桌上对生活的回味，这是他们固守自己饮食传统的一份执着。

海鲜市场

　　在渔家人的餐桌上，一日三餐里必有一道菜是海鲜，红烧带鱼、沙虫粥、烤鱿鱼、炒花甲螺、椒盐濑尿虾、葱姜螃蟹、生蚝蛋饼……一个月应该可以不重样。然而，想吃到最鲜活的海鲜，要去哪里找？当然不是大排档、大酒店之类的，而是海鲜市场。在海鲜市场里不但可以买到价格便宜的新鲜食材，而且能见到各种"异形"的鱼、虾、螺、蟹。

　　位于广西最南端的北海，海鲜市场里鱼、虾、蟹、蚌一应俱全，是饕客心照不宣的首选。众食客在海鲜的腥臭味中指点虾蟹，海鲜种类多到目不暇接。外壳色彩极为鲜艳的螃蟹，如同乒乓球大小的螺，像拖鞋一样大的扁平龙虾，当然还有各式各样奇形怪状的鱼……或许还没逛完市场，你就会被馋死。

　　"鲍、参、翅、肚"海味四绝，四绝之首，非鲍鱼莫属。在中国的传统文化里，人们对鲍鱼的认知度很高，《黄帝内经》中记载鲍鱼汁能治血枯，药用价值高。在广西人的酒席上，有了鲍鱼才显得有派头。

　　但凡广西的沿海城市，都有专属的海鲜市场。防城港的企沙就是买海鲜、吃海鲜的好去处。防城港人爱撩螺，与其他地方不同的是，防城港的螺不仅能当小吃，还可以当正餐。对靠海而生的渔家人而言，螺肉是最寻常的食物。红螺、白螺、车螺、花甲螺、石螺、圣子螺等，无论是清蒸、白灼，还是爆炒、煲汤，都有拥趸无数。

　　海鲜是沿海城市的招牌，海鲜小吃是当之无愧的流量王。在防城的海鲜市场里，榄子焖沙尖鱼是东兴一带的特色菜。沙尖鱼，北方地区常称沙丁鱼。沙尖鱼是海鱼，浑身都是肉，且肉质鲜美，喜欢在暖水里把身体转进沙子里，露出头来。我国的沿海都很适宜沙尖鱼生长。但在海鲜市场里，沙尖鱼也不是时时都有，如果碰到，买一点回来，油煎，加点盐就很美味，也可以清蒸、红烧，均味美可口。

　　每种海鲜都有它的"豆蔻年华"。广西人深谙"鲜不离水"的所有秘密，从捕捞、养殖、运输、售卖到餐桌，他们竭力追逐的，都是缩短食材从大自然上到餐桌的时间。而这场"接力赛"都会在海鲜市场中完成，并铺就生猛海鲜的"涅槃"之路。

红姑娘

　　提到红姑娘，你是否会联想到女子的曼妙身姿、如花面庞，或是女子的美丽衣裳？在广西东兴沿海一带，就有一个美丽的"红姑娘"，以前是长在深山无人识，如今美名远扬。它就是荣获全国无公害农产品认证和国家农产品地理标志认证，被东兴市评为"东兴三宝"之一的"红姑娘"红薯。

　　红薯在东兴市已有 200 多年的种植历史。《钦州志·农业志》记述："民国时期的主要品种有'六十日'、姑娘薯、五里香、金瓜薯等。"这里所讲的"姑娘薯"，是东兴的"红姑娘"红薯。东兴"红姑娘"红薯主要栽种在十万大山南麓的滨海平原地区。这里海陆季风气候交汇，土壤条件独特，自然环境良好，十分适宜红薯的生长。这里种植的红薯皮光色红，肉纯白，煮熟后又粉又软又甜，美味可口，是极好的保健食品，属于红薯中的珍品，被誉为红装粉面口齿甜的"红姑娘"。

　　东兴"红姑娘"红薯，具有其他产区红薯难以媲美的特点：颜色呈玫瑰红色，体形长、圆、直，淀粉含量较高，富含胡萝卜素及多种微量元素，还含有丰富的膳食纤维。经常食用，有抗癌、降压、减肥、疏通肠胃和预防亚健康疾病的功效，符合现代都市人绿色、健康饮食的需求。它的价值为越来越多的消费者所认识，也越来越受到市场的热捧。

红薯具有极高的药用价值，《本草纲目》中记载："甘薯补虚，健脾开胃，强肾阴。"清代的《本草纲目拾遗》则介绍红薯"补中，和血，暖胃，肥五脏。白皮白肉者，益肺气生津。煮时加生姜一片，调中与姜枣同功；（同）红花煮食，可理脾血，使不外泄"。东兴当地人对于"红姑娘"的吃法也是多种多样，主要有煮、炸，或是煮红薯粥、红薯糖水，制成红薯干等。每当夏季，当地居民最喜欢用它来煮糖水，做法简单，又可以去热解暑。经过烹煮的"红姑娘"有着山药般绵软和木薯般粉松的口感，香、粉、软、滑，让你望而生津。

如今，东兴红薯这个美丽的"红姑娘"走出了自家门，远"嫁"上海、山东、香港、台湾等地，以及日本、越南等国。每到成熟的季节，她就像即将出阁的姑娘一样静静等待"知心郎"的到来。而每一位注重健康的人士，都会毫不犹豫地把"红姑娘""娶"回家。

瓜皮脆

　　钦州是广西三大海滨城市之一，钦州的特产除了海产品、灵山荔枝之外，还有一种当地特色的咸菜——钦州黄瓜皮。钦州黄瓜皮、荔枝、龙眼并称为"岭南三宝"，深受人们的喜爱，甚至有人评价"宁舍鱼翅燕窝，不舍钦州瓜皮"，足以看得出钦州黄瓜皮在人们心中的地位。

　　黄瓜属葫芦科，为一年生攀缘草本植物。明代林希元编著的《钦州志》记载："黄瓜，性冷，伴肉条食之。"钦州所产黄瓜，有清凉解热之功效，可生吃，清津止渴。压榨腌制后，切粒伴炒肉，色味俱佳。如今，黄瓜皮已成为钦州市民家庭常备的风味小吃和馈赠亲友的佳品。

　　黄瓜在钦州有久远的莳植历史，早在明清时期已有种植。钦州属亚热带海洋性气候，光热资源丰富，河溪纵横，这片沃土非常适合黄瓜的生长。仰仗自然生态的馈赠，钦州所产黄瓜口感上乘，色香味俱全。制作黄瓜皮的原料精选钦州本地特有的短藤白皮黄瓜，并且要在每天早上 9 时前采摘，以保证黄瓜皮色泽嫩黄、皮薄肉厚、质地脆爽的品质特色。采收后的黄瓜要在 24 小时内进行加工，经过钉孔、杀青、压榨、盐渍、清洗等多道工艺。腌好的黄瓜皮取出洗净，切成小块，加一点葱花、蒜末、调料拌炒，就是一碟开胃小菜。自然发酵的酸味令人食欲大开，爽脆的口感让人欲罢不能，炎热的夏天用来送粥再合适不过。想要再丰盛点，也可以用来炒鸡蛋、炒五花肉，或与钦州特产海鲜如泥蚶、蛤蜊、尖紫蛤等共烹，都是美味的家常小菜，其味无穷。

　　经过近些年的迅速发展，黄瓜皮已成为钦州市最具特色的干腌菜。2014 年，钦州黄瓜皮荣获全国农产品地理标志，其传统制作技艺于 2016 年入选钦州市第四批市级非物质文化遗产项目名录。钦州黄瓜皮用自然发酵的方法腌制出酸而爽脆的口感，它告诉食客们：小咸菜也能登上大雅之堂。

● 钦州黄瓜皮

南方边关来打卡

到了鹅泉不吃鹅

　　广西发现多处石器时代的贝丘遗址，说明聚居在河边的古人喜好吃螺贝类水产品。《史记·货殖列传》记载："楚越水乡，足螺鱼鳖，民多采捕积聚……煮而食之。"现在依然如此。我们平常吃的一般是田螺和石螺。石螺生长在河里，附在岩石上，个头小，肉不多，但味道清鲜；田螺生活在田里，个大，肉厚，吃起来过瘾。一般做法是先将螺放在清水中养几天，水里加点盐，让螺将污泥脏物排净。烹制前把螺壳刷洗干净，再用刀砍去它的一点尾端，并剥去螺盖，使螺体头尾相通，以便油盐、配料进入螺肚，也便于吃的时候能够吸出螺肉。烹制时，先用猛火急炒，加少量盐、油、姜、酒，后放进适量的水焖煮。起锅前，再加足油、盐、葱花和蒜米，一定要配上紫苏和假蒌调味增香。

　　在广西，要数靖西鹅泉的田螺最好吃。

　　靖西位于广西西南部边境，百色市南部，是中越边境线上最美的城市，山明、水秀，峰奇、洞异，有山水"小桂林"之誉。靖西的绣球很有名，是广西的一个文化符号。靖西的通灵大峡谷、渠洋湖、旧州风光常常是旅游宣传册的"门面"。但到了靖西，鹅泉才是必游的。从县城去旧州的路约 2 公里处往右拐，不久就到鹅泉，再过去就是国家一级口岸龙邦了。

鹅泉太美了，泉水来自地下暗河，分两个泉眼涌出。到了这里，放眼望去，水清有鱼，风影修竹，石桥牧牛，远山倒影，哪个角度看过去都美。爱摄影的人来到这里，只怕一天的时间过得太快。有首老歌叫作《边疆的泉水清又纯》，似乎也可以唱这里。

鹅泉大部分地方的水很深，但泉水漫出来快形成河的那一段就很浅，长着各种水草。因为泉水非常清澈，水草随波漂荡的样子也是一景。

好地方必有神奇故事。鹅泉有没有鹅呢？传说古时有一个老

● 清清鹅泉

人拾得两枚鹅蛋，孵出神鹅，鹅将沟溪变成深潭，鹅泉因而得名。不过现在鹅泉却看不到鹅，倒是有很多水鸭。泉中有很多四五十厘米长的鱼，一丢炒熟的玉米粒，鱼就跃到水面竞食，蔚为壮观，故当地有"鹅泉跃鲤三层浪"之说。不过那些鱼是青竹鱼，俗称"美人鱼"。当地人说这种鱼很难钓，也不能用网捕，一撒网，鱼就会逃遁，很久都不回来。不过现在泉里基本没有青竹鱼了，罗非鱼成了鹅泉的新主人，黑压压、密密麻麻的，仿佛取之不尽用之不竭。于是鹅泉边有了油炸罗非鱼。罗非鱼出身卑微，在这里异常美味。

　　鹅泉边不少饭馆专营鹅泉一带的特产，田螺和水鸭是必点的。田螺炒着吃或是煮汤都可以，水鸭最好白切。水草炒蛋别处可没有，再来盘皮滑馅香的米饺，或是几个软软糯糯的香糯糍粑，别忘了点上一碟开胃爽口的靖西酸嘢，自在而满足。赏着美景，吃着美食，心情美美的，一切皆因为无比纯净的鹅泉。

● 田螺鸭脚煲

柠檬加粉

　　广西人有吃柠檬的习惯，过去农家屋檐下都会有几坛腌好的酸柠檬。缺少肉食的年代，酸柠檬是送饭、送粥的标配。炎热的夏天里没有冰水，酸柠檬冲出来的柠檬水是最解乏的，既酸爽提神，又能补充因为排汗流失的盐分。

　　将酸柠檬与鸭肉搭配，成就了广西的一道名菜，即柠檬鸭。将酸柠檬加到粉里，也是本地人吃生榨米粉的通常做法。不过，这里讲的柠檬加粉，与生榨米粉关系不大，而是来自边关的鸡粉，带着浓郁的热带和亚热带气息的一道风味。

　　鸡粉所加的柠檬，其实是当地特有的一种小柠檬挤出来的鲜果汁。这种在食物中加鲜柠檬汁的做法，在中南半岛各国较为常见，特别是加在凉拌菜中，可以融合各种原生态食材的鲜。是的，必须每种食材都要鲜。

　　烹煮鸡粉的原材料鸡肉、粉首先也是要鲜。鸡必须是土鸡，煮时火候要控制得恰到好处，既保证鸡肉鲜嫩爽滑，又能让熬制的鸡汤突出那股鲜味。粉则是要米香味十足的切粉。鸡肉、柠檬、切粉三者搭配在一起，看似清汤寡水，实际上鲜味十足，可谓一

加一加一大于三。吃的时候，将柠檬对半切开，往鸡粉里挤入柠檬汁。富含维生素的柠檬，在提升食物清新感的同时，还有助于消化。食店内一般会配有香葱、香菜、蒜米、酱油、鱼露、辣椒酱等作料，客人可以根据各自口味爱好自取。鸡肉蘸酱料吃，可以增加肉的风味，更能突出粉的鲜。除了鸡肉，还有炸肠、鸡杂、鸡腿、鸡翅等肉食品种可选，以满足不同食客的味蕾。

　　鸡粉清淡不油腻，适合天气炎热的南方。边关的风味普遍如此。

● 柠檬鸡粉

屈头蛋

说到边关美食，不得不提屈头蛋。广西的边境城市东兴、防城港、凭祥、龙州一带的人都有食用的习惯。

这是一种彻头彻尾的怪味美食，喜欢的人乐在其中，不喜欢的人望而生畏，两极分化严重。爱吃的人，感叹它香脆多汁；受不了的人，惊恐于蛋黄蛋白之间若隐若现的毛发和弯曲着的脑袋，这也是屈头蛋名称的由来。

屈头蛋实际就是鸡蛋、鸭蛋在刚刚孵化出雏形时中止孵化的蛋。食用时，做法简单，煮熟后去壳，配以喜欢的作料即可。屈头蛋吃起来有半蛋半肉的特点，因为风味较重，不太普及，但国内外不乏爱好者。广西桂林市临桂区五通镇有一种叫作倔蛋的美食，用屈头蛋做成，但用的是煸炒的做法，味道特别香，口感爽脆。江苏、安徽、浙江、福建等地也有类似美食，以吃鸡蛋为主。这种蛋各地叫法不一，江苏叫作旺鸡蛋或喜蛋，福建叫作鸡蛋胚或鸡仔胎，有的地方则形象地称之为毛蛋。东南亚的越南、柬埔寨、菲律宾等国则流行吃鸭蛋，因而屈头蛋也是以吃鸭蛋为主。

关于食用屈头蛋的历史，《本草纲目》中有"鸡胚蛋有治头痛、

偏头痛、头疯病及四肢疯瘴之功能"的记述，清代谢墉在《食味杂咏》有"鸭卵未孵而殒，已有雏鸭在中……名之曰喜蛋"的记载。可见，至少在明清时期，我国民间就有了这种美食。过去农家母鸡下蛋孵小鸡时孵不成功的"坏蛋"，大人会煮着吃，同时告诫小孩儿不能吃，吃了记忆力会下降。这种告诫不知道有没有依据，但这其实是一种美味。可以推想，这种美食来源于人们生活经验中偶然发现，在食物丰盛的年代变得更加普遍。

广西的东兴口岸，熙熙攘攘都是往来的客商和游人。边境贸易繁荣，街道两旁遍布越南红木、越南咖啡、越南香烟、越南香水等东南亚特产商店。北仑河边，排排坐着售卖榴梿、红毛丹、腰果等各类热带物产的摊贩。其中，就有卖屈头蛋的妇女，担子一头是一锅煮熟的蛋，一头是各色配料。摊主将鸭蛋去壳，装在小碗里，上面铺着薄荷、生菜、紫苏、芫荽、炸葱头、酸姜丝、柠檬汁以及叫不出名的配料。纹路分明的屈头蛋，搭配得黄白相间，看上去就非常有食欲。有的食客吃一个不够再来一个，反正便宜，三元钱一个。也有的人在一旁观看、感叹、诧异。假如你刚好遇见，请大胆地上前尝试。迈开这一步，你的美食地图上从此又多了一个打卡标记。

鱼酱油

　　鱼露，常被认为是边关菜的灵魂和基石。有一种说法是，吃过了鱼露就算到过边关了。鱼露和臭豆腐一样，属于怪味美食，有种淡淡的腥味，不是谁都受得了，但一旦爱上，就一餐也不能少。吃鸡粉、春卷、卷粉，就少不了鱼露。边关的菜讲究新鲜、清爽，食材的烹饪注重保持原味，以蒸、煮、炸、焗、烤、凉拌为主，经常是配着生菜、黄瓜等生鲜蔬菜，加上紫苏叶、薄荷叶、罗勒叶、鹅帝草等新鲜香料，蘸着以鱼露为底料的作料吃，令人回味无穷。

　　鱼露在广西被称为"鲇汁""鱼酱油"，是生活在边境城市东兴市京族三岛的京族人三餐不能少的传统蘸汁，当地有"千汁万汁不如京族鲇汁"的俗语。山心村因盛产鱼露被誉为"鲇汁之乡"。京族鱼露制作技艺于2008年入选广西第二批自治区级非物质文化遗产代表性项目名录。其制作方法是以新鲜小鱼和盐为原料，以大约4 : 1的配比进行腌制，储存在大缸中，放置在阳光下，待鱼体自身所含的各种酶在多种微生物和耐盐细菌的共同作用下发酵，分解出一种浓稠的汁液。这种汁液金黄通透，非常腥鲜，经过过滤、晒炼，去除鱼腥味，再经过过滤、加热灭菌等

程序制成。

这种鱼汁除了盐水，还富含氨基酸多肽，有多种呈鲜物质，能跟甜、酸、辣等味道以及各种食材搭配融合，在烹饪中有着赋咸、提鲜、增香的功效。鱼露含有十几种氨基酸，其中八种是人体所必需的，可以说既鲜美又营养。

鱼露与酱油都是由蛋白质转化成的氨基酸调味液，但鱼类蛋白质转化出来的多肽、氨基酸等成分比酱油原汁要高，口味更加丰富。虽然当地人常把鱼露称为"鱼酱油"，但鱼露的价值要比酱油高。

亚洲的饮食文化中，有使用高盐调味品代替盐进行烹饪或调味的饮食习惯。鱼露是典型的亚洲型酱油，流行地域广泛，遍布东亚、东南亚，不同地区有不同叫法，福建称之为"鲑油"，潮汕称之为"腥汤"，胶东称之为"鱼汤"；日本称之为"盐汁"或"盐鱼汁"，泰国称之为"喃巴拉"（nam pla），马来西亚称之为"菩杜"（budu）和"马拉盏"（belancan），越南称之为"纽库曼"（nuoc cam）。除广西外，鱼露在我国的福建、广东、香港地区都很常见，在东南亚国家最为盛行，像越南菜没了鱼露就不叫越南菜了。但要逐本溯源的话，鱼露最早的产地是我国，由早期的华侨带到东南亚。

最早的鱼露，是腌制咸鱼时排出的鱼汁，因富含鲜味和咸味，逐渐变成调味料。翻看史籍，其早期形态是我国古代一种叫"鱼酱"的酱料，做法记载于《齐民要术》："鲚鱼、鲐鱼即全作，不用切。去鳞，净洗，拭令干，如脍法披破缕切之，去骨。大率成鱼一斗，用黄衣三升，一升全用，二升作末。白盐二升，黄盐则苦。干姜一升，末之。橘皮一合，缕切之。和令调均，内瓮子中，泥密封，日曝。勿令漏气。熟以好酒解之。"大体的意思是"新鲜鱼去鳞去骨，洗净加盐腌制发酵而成"。还有研究推测，鱼露起源于2000多年前汉代的鱼醢，也是鱼鲊（即糟鱼）腌制时所排出的鱼汁。巧的是，鱼露原产地之一的潮汕，人们将这种鱼汁称为"醢汁"，将腌制的海产品称为"咸醢"。如清光绪《揭阳县正续志》记载说："涂虾如水中花……以布网滤取之，煮熟色赤，味鲜美，亦可作醢。"这里的"醢"是指用鱼（虾）肉制成的酱料，与古义相同。可见，如今的鱼露做法，源自千年前的技艺。

　　鱼露凝聚着中国人在食上的灵性与智慧。在广西的边境和沿海城市，餐桌上都会提供鱼露，值得品尝。

● 鱼露

边关春卷

　　春卷是边关菜的典型代表。广西边境城市东兴、凭祥等地，有不少融入东南亚国家风味的美食。从内地到边境的食客们多乐于此，不出国门，就能尝到别处少有的特色美食。春卷是首选。

　　春卷的做法千变万化，在东兴口岸常见的做法是：猪肉或牛肉剁成末，豆芽切碎，胡萝卜切丝，发好的虾米切碎，加少许盐，拌匀，放少许凉开水润开，如果觉得太素，可以拌上鸡蛋，最后用春卷皮将馅料包裹好，在平底锅里用九成的油温煎炸至两面金黄即可。吃的时候，蘸着由鱼露、醋、蒜末、青柠汁拌成的酱料一起吃。这种做法的特点是皮脆馅香。

　　春卷在国际上享有一定的知名度，原因在于"要颜值有颜值、要内涵有内涵"。"颜值"，就是卖相好。这得益于用糯米制成的春卷皮（俗称米皮），洁白透明，卷内各色食材清晰可见，很有视觉冲击力。想要自己动手的，有干米皮出售，包之前，稍微泡水或喷洒水滋润即可。"内涵"，即米皮包裹的食材丰富。想肉香味的就多放点肉、海鲜，用油炸，香味十足。喜欢低热量的，就多放些素菜，甚至水果，米皮一包，皮内红黄蓝绿的食材让人食欲大增，不用加热即可蘸料食用，味道清新。正因为馅料选择搭配自由度高，材料易得，便于操作，能迎合不同地域不同人群的口味和需求，因此广受好评。

薄如蝉翼的米皮，能包万物，受人追捧。但春卷不用米皮，会是什么口味呢？曾经尝过用猪网油做皮的炸春卷，特别香，猪油香味很足。

春卷源自中国，但一般是用面皮，这是和边关春卷显著的区别。春卷在中国食用的历史悠久，是由古代的五辛盘演变而来。什么是五辛盘呢？明代李时珍解释说："以葱、蒜、韭、蓼、蒿、芥辛嫩之菜杂和食之，谓之五辛盘。"古代人在立春日有食用五辛盘的习俗，始于晋代，目的是供人发五脏之气。后来发展到春游时也食用，渐渐地叫成"春盘"。

到了唐代，春盘的内容更趋丰富精致。杜甫在《立春》一诗中描述："春日春盘细生菜，忽忆两京梅发时。"元代无名氏编撰的《居家必用事类全集》载有"卷煎饼"："摊薄煎饼，以胡桃仁、松仁、桃仁、榛仁、嫩莲肉、干柿、熟藕、银杏、熟栗、芭榄仁，以上除栗黄片切外皆细切，用蜜、糖霜和，加碎羊肉、姜末、盐、葱调和作馅，卷入煎饼，油焯过。"这是描述比较清楚的春卷制法。清代潘荣陛的《帝京岁时纪胜·正月·春盘》载："新春日献辛盘。虽士庶之家，亦必割鸡豚，炊面饼，而杂以生菜、青韭菜、羊角葱，冲和合菜皮，兼生食水红萝卜，名曰咬春。"可见春日做春饼、食春饼的传统民俗由来已久。最后，春饼演变成小巧玲珑的春卷，登上大雅之堂，成为清宫"满汉全

席"128 种菜点中 9 道主要点心之一。

　　春卷在闽台地区叫作润饼，在清明期间食用，习俗上还保留着古风。在国内的餐馆里，已经很难见到传统制法的春卷了。来到广西的边境，应该领略一下这道历史悠久、内涵丰富的美食。

● 边关春卷

糯米配上鸡

　　糯米配上鸡，会让人联想到广式糯米鸡，即荷香糯米鸡，粤式早茶的传统小吃，南宁市面的早餐店大都能买得到。它的主要原料有鸡肉、糯米、香菇、干贝、虾米、广式腊肉、青豆、咸蛋黄、荷叶等。糯米、干香菇、干贝、干虾米、干荷叶提前放水浸泡，将鸡肉去骨，切块，加料腌制。泡发好的糯米上锅蒸煮。香菇切粒，腊肠切粒。鸡肉、香菇、腊肉、虾米、青豆等入油锅加作料炒香。糯米与干贝、香菇等加作料炒香。荷叶裁剪成合适大小，用糯米饭垫底，放入香菇、排骨、花生、咸蛋黄等馅料，再盖上一层糯米饭，包成方形，用绳子扎紧，置蒸笼内蒸至软糯。肉味、海味、香菇味、糯米香、荷叶香等多种香味充分融合，软糯香甜，味道极好。

　　这里要说的糯米鸡，名字相同，但外观和味道相差很大，也叫"糯米包鸡"。主要的原料是鸡和糯米。鸡和糯米分别煮熟，用糯米饭裹住整只鸡，揉成椭圆形，入油锅炸至金黄即可。这样的"大金蛋"，色泽非常讨人喜欢，端上桌的那一刻，满桌人没有不被惊艳到的，纷纷猜里边是什么美味菜肴。剪刀在"大金蛋"

上开出一条缝，鸡肉香气立刻扑面而来，观者纷纷叫绝，感叹这薄薄的糯米饭内居然藏着一只鸡。先将鸡取出，把金蛋裁成块，在盆内整齐摆好，再把鸡肉裁成块，整齐码在糯米饭上。整个裁剪过程动作娴熟，平添了几分观赏性。糯米外酥里糯，集香脆软糯于一身；鸡肉绵软，味道鲜美，蘸上鱼露和辣椒酱等配制的酱汁，就是十足的边关味道了。糯米鸡的糯米和鸡肉味道没有充分融合在一起，吃起来更像是在吃香脆的糯米饼和鲜甜的白切鸡，与广式糯米鸡相比，味道各有千秋。

糯米鸡在边关非常受欢迎，吃法多样，丰俭由人，主要的变化是在糯米和鸡上下功夫。有人将其打造成麦当劳式快餐，味道、外形、包装一流，做法上突出色和香，整只鸡是在油中炸熟的，糯米会拌上黄色咖喱。炸制后，整个金蛋里外均是金黄色，煞是诱人，受到年轻人的热捧。要是自己在家做，方法就自由得多，可以在糯米中加上葱花等香料来丰富口感，不想油炸的鸡也可以蒸熟。想省油的，可以用少许油慢火煎制糯米团。街边的小摊上，糯米鸡化身成方便一人食用的炸糯米团，米团里装不下一只鸡，取而代之的可能是一个鸡腿或鸡肉丝甚至各种素菜，任君选择。更绝的是，无需鸡肉，纯糯米糊也能入油锅里翻炸，只不过最后炸成的是糯米球而不是糯米团了。

糯米鸡在东兴的餐馆可以吃得到，做法、吃法讲究，色、香、味俱全，装盘时带有观赏性，游客们都非常喜欢。若想亲身感受这一风情美食，不妨到广西的边关走一走。

风吹饼

东兴市江平镇，背山面海，居住着我国唯一的海洋民族——京族，不少风俗习惯都带有京族特色。有一种特色小吃，大如草帽，盛装在头如喇叭、腰细、身直、高过腰的竹筐里售卖，令人印象深刻。当地人称之为"冰喇"，大意是芝麻饼，因薄而大，容易被风吹走，故得名"风吹饼"。

风吹饼的主要原料是大米和黑芝麻，做法上还保留着手工制作的传统，大致经过打浆、蒸煮、干燥、烘烤四道工序。第一步是将大米（有时会加入少许糯米增加黏度）浸泡、打浆，盛入盆内加盐拌匀备用。第二步是架锅、起火，锅内加水，上置圆箍，待水开后，用勺盛半勺米浆，倒在圆箍上，用勺底均匀摊平摊圆，盖上盖子，待七成熟后再倒上一勺拌有芝麻的米浆，均匀摊开，再盖上盖子，用猛火热气快速蒸熟，再用竹条将粉皮挑起，摊平在竹托上。第三步是在太阳下晾干，这个过程要将粉皮翻面，粉皮水分迅速挥发，变成半透明的粉膜。做风吹饼要选晴天，原因正在此。第四步，粉膜在炭火上均匀烘烤，这个过程要用风扇提升火力。粉皮和芝麻在旺火的作用下迅速膨化、酥脆，挥发出迷人的香气，风吹饼

就算做成了。这时候掰一片放在嘴里，嘎嘣脆，谁都难以抵挡这
种美味。

　　前两道工序，与广西人爱吃的米粉制作工序无异，想要保留
粉味，也可将蒸熟的粉膜切成细丝后烘干，制成粉丝，拌上螺贝肉、
蟹肉、沙虫干或虾仁等煮成糕丝海味汤，入口嫩滑可口，甜香鲜美，
是京族人喜爱的佳肴，待客上品。后两道工序则更像北方的烤馕，
通过烘烤让食物便于储存，并借助热量激发食材的香味。

　　广西的南宁、钦州等地，也有吃芝麻饼的习俗，是春节期间

● 京族姑娘在烤制风吹饼

制备的。芝麻饼和风吹饼最大的不同是带有甜的馅，而且饼皮是用糯米粉做原料；相同之处是饼皮上都撒有芝麻，都是通过炭火的烘烤使其膨化、酥脆。

据了解，风吹饼的起源，与京族人靠海吃海的生产生活方式有关。渔民有时出海打鱼时日长，风吹饼就是现成的干粮。风吹饼在过去还是走亲访友的送礼佳品，红白喜事、节庆仪式也常以风吹饼作为礼饼。京族风吹饼源自京族人的生产生活，又融入了京族人的人生礼仪中，因此，其制作技艺在2016年列入了自治区级非物质文化遗产代表性项目名录。

如今的京族人，已经将这种特色小吃做出了名，不少游客慕名而来，曾经的干粮和礼品慢慢变成了人人可以品尝的地方小吃。

除了京岛，东兴街也常有人售卖，又大又便宜。风吹饼干吃酥脆，也可作为茶点就着喝茶，或者掰成小块，铲点肉末之类的小菜，吃起来别有一番滋味。

民族风情多奇趣

这里有彩蛋

　　壮族的传统节日三月三是广西各民族同乐的嘉年华，是广西特有的节日。发展至今，广西三月三已成为广西民族节庆的文化符号。

　　三月三广义上是指农历的三月初三，古称"上巳节"，自汉代兴起。上巳节原是古代中原地区的节日，风俗为水边沐浴、宴饮宾客、郊外游春等。至宋代，上巳节在中原地区逐渐消逝，现在只能在广西的民族节庆中感受这个节日的氛围。农历三月初三正是寒冬过去、春暖花开之时，热爱自然的稻作民族壮族，会在这一个稻苗已经返青且充满生机的时节踏青祭祖、对歌欢庆。祭祖和对歌是壮族三月三节庆中的重要活动。对于农耕民族而言，在万物复苏之时，祭祀祖宗祈求一年风调雨顺、五谷丰登是一项重要的传统活动。人们制作五色糯米饭、粽子、糍粑等美食祭祀祖先，表达对祖先的思念，对自然的敬畏。美好的春日节庆把人们聚集在一起，能歌善舞的壮乡人在青山绿水中纵情放歌。壮族三月三的活动中还有对歌的环节，因此也被称为"歌节"。在节日期间，青年男女通过对歌来寻找心仪的对象，《岭外代答》中就有对这种活动的描述："上巳日，男女聚会，各为行列，以五色结为球，歌而抛之，谓之飞驰。男女目成，则女受驰而男婚已定。"每逢歌圩，方圆数十里内的男女青年聚集在歌圩点，小伙子在歌师的指点下与中意的姑娘对歌。年轻男女在韵律中通过歌词即兴发挥，切磋试探。若姑娘对小伙子的样貌、歌才都满意，便可将五色绣球赠予意中人，情定佳侣。

　　除了五色绣球，还有一样定情之物，那便是彩蛋。人们把熟鸡蛋染成彩色，或在鸡蛋壳上绘制彩色图案，用作传情之物。小伙子在歌圩上手握彩蛋去碰姑娘手中的彩蛋，姑娘如果不愿意，就把蛋握住不让碰触，如果有意就让小伙子碰上一碰。蛋碰裂后去壳，两人共吃彩蛋，播下爱情的种子。

　　三月三里有歌声，有绣球，还有彩蛋。这是孕育在春天里的爱情的味道。

● 五色糯米饭和彩蛋

稻田收获稻谷，还收获鱼

　　广西先民自古是与自然和谐共生的个中高手。广西地处云贵高原东南边缘，地形以山地丘陵为主。综合山地丘陵的地势以及气候因素，人们因地制宜，在坡地上沿等高线开垦出了阶梯式农田——梯田。梯田能有效地实现保土、蓄水、灌溉的功能。几百年间，勤劳勇敢的广西先民用双手开垦出了千级万级高低错落的梯田，梯田之中蕴藏着古老的令人叹服的农耕智慧。唐代《岭表录异》有："伺春雨，丘中聚水，即先买鲩鱼子，散于田内。一二年后，鱼儿长大，食草根并尽。既为熟田，又收鱼利；及种稻且无稗草，乃养民之上术也。"这便是记载了岭南百姓在山间蓄水种稻，同时放养鲩鱼，鱼排粪可做肥料，既可养肥田地又可收获肥鱼的"养民之上术"。说明最晚在唐代，广西先民已经掌握了十分先进的利用生物食物链以及生物共生关系开展多种经营的农业模式。在广西起伏的山峦上，山谷幽深处的梯田之中，人们在山间不仅能收获稻谷，还能收获肥鱼。

　　稻田里的肥鱼被称为禾花鱼。禾花鱼因长期放养在稻田内，食水稻落花而得名，也叫禾花乌鲤、禾花鲤、乌鲤。禾花鱼的形态和生活习性已与一般鲤鱼有明显的区别，其形体较粗短，鳞片细小透明。其中以乌肚鲤味道最佳。禾花鱼肉质细腻，刺少肉多，骨软无腥味，味道鲜美，蛋白质含量高，被誉为"鱼中人参"。禾花鱼的做法很多，黄焖、清煮、香煎、清蒸，味道都很鲜美；用鲜活禾花鱼烘制成禾花干鱼仔，成品金黄油亮，闻香生津，久食不腻。

　　原生态的禾花鱼在古时就是味美的贡品。相传，乾隆皇帝巡游江南，到了桂林府。府台知道乾隆皇帝好游玩，爱吃喝，便投其所好，派人到处采购山珍海味。席间，乾隆对菜盘里的禾花鱼特别感兴趣，高兴地问："这是什么鱼？这样肥嫩可口，无腥无

● 稻田收获鱼

腻。"府台回答道："这是全州的禾花鱼。""什么叫禾花鱼?"皇帝又问。"禾花鱼就是田鲤鱼,百姓把鲤鱼放在稻田里喂养,当稻子抽穗扬花时,鱼儿特别爱吃飘落在水上的禾花,食后长得又肥又嫩,故无腥味。"乾隆听后龙颜大悦,说道："禾花鱼肉嫩鲜美,武昌之鱼未能及也。"

　　在广西山间田垄里的壮、瑶、苗、侗等民族村寨里吃稻田肥鱼更是别有一番滋味。秋高气爽的丰收季节,人们一早煮好糯米饭,备好糯米酒、辣椒、盐巴等来到田间。干完农活,捞上肥鱼,在田埂上小憩,喝上一口糯米酒,慢悠悠地将鱼串扎在火堆边烘烤,将带来的盐巴等调料放入小碗用山泉化开,在附近采来几种野生的香菜剪碎加入盐水中,把烤好的鱼往味碟中一蘸,再往嘴里一送,味蕾上开出的花便是丰收的味道。

● 稻田烤鱼

广西火锅

在饮食全球化、快餐化、市场量化的环境里，人们的口味感官容易被市场支配。连锁的火锅店就是一个典型的例子，在网红效应、从众消费的驱动下，基于咸、辣、香的口味被市场操控，进而产生口味趋同化的结果。中国火锅文化博大精深，走一走，尝一尝，来八桂吃火锅，别做被市场驯化的味觉傀儡。

广西的很多地方，人们在冬季喜欢吃火锅，有的地方称吃火锅为"打边炉"。南方的冬天很冷，屋内外气温体感差别不大，尤其是在桂东北地区，山间阴冷潮湿的气候让人有一种刺骨的湿冷感，一家人打个火锅围坐在一起吃饭聊天温暖热络，那真叫一个美滋滋。

在广西东北部的壮、瑶、苗、侗等民族地区，山间的农家住房里基本都会有一个火塘，上面支一口铁锅，既能取暖，又能烹饪。火塘上方的屋顶一般还挂着猪肉、香肠、猪肝等熏肉。取熏肉炒个热菜，火塘上支个火锅，锅里涮上自家的土鸡时蔬，暖乎乎的火光映衬着挂着的各色熏肉，边涮边聊边吃，热菜热汤热景，时间好像永远停留在温暖如春、酒足饭饱的这一刻。火塘上，用土鸡、

土鸭作为食材烹制的鲜锅只是基础的口味，还有鲜少被外乡人所了解的油茶火锅、百草汤火锅。

广西的油茶已有千年历史，是兼具历史特色与民族特色的地域茶饮。油茶不单是一道吃茶美食，还能做成火锅底料。广西恭城等地流行油茶火锅，是用当地口味的油茶水涮煮食材。油茶水加入猪骨熬汤，茶香浓郁，口味回甘，微带姜辣。先来碗加阴米、油果、葱花的原味油茶开开胃，再将食材放入油茶水中涮。经过油茶水"洗涤"的肉类回甘清新，少了几分油腻，多了几分茶香。朋友聚会，边打油茶，边涮火锅，一碗又一碗，一口又一口，话题不断，油茶不断，友谊在茶与火锅的调味下紧紧维系，地久天长。

在广西，吃火锅除了汤底特殊以外，还有好山好水带来的好食材。不论是在红水河边还是合浦海边，溪河、海洋、山林带来的食材，要的就是一个"鲜"字。不论是河里的鳜鱼、脆鲩，还是海里的鲍鱼、鱿鱼、墨鱼、泥丁、海虾，或是毛南菜牛、带皮黑山羊等，鲜货下锅，回味无穷。

广西火锅的特点，一是汤底丰富，二是食材新鲜，极少使用长时间冷冻的食材。若是在桂东北地区的民族乡间吃火锅，还有山水和火塘相伴，那便是拥有了第三个特点：别有景致。来广西吃火锅，才有味奇、极鲜、民族的多元味道。

吃鸭有学问

扫码看视频

　　广西壮族等民族在农历七月十四有吃鸭子的风俗。农历七月十五是中国民间的传统节日中元节，七月十四在广西称作"鬼节"。七月十四在广西的一些地方是仅次于春节的重大节日，无论家境如何，人们都要割肉宰鸭，祭拜祖宗。岭南骆越文化认为，每年农历七月中旬，正是鸭子长大成熟的时期，肉肥而美。而在农历七月半这一天，鬼门大开，许多的鬼魂涌入阳间。为了防止孤魂饿鬼伤害生灵，肥美的鸭子就成了最好的祭品。还有一种说法，农历七月十四鬼魂会还家探亲，陆为阳，水为阴，鬼为阴，是过不了奈"河"桥的，于是只能用鸭子背魂过河，所以在这一天吃鸭不吃鸡。既然是"鬼节"，百鬼夜行，那更是需要压（"鸭"）制，吃鸭便可以压制游走觅食的野鬼，辟邪平安。不论是因何种说法和缘由去吃鸭，七月半时的鸭子肥美是不争的事实。鸭肉味甘，性寒凉，能补虚、消热毒、养胃，岭南地区七月半十分炎热，吃鸭是最好不过的了。

　　鸭子必吃，定然少不了会吃、多吃的方法。在广西，柠檬鸭必定榜上有名，武鸣柠檬鸭制作技艺在 2018 年被列入自治区级

非物质文化遗产代表性项目名录。烹制武鸣柠檬鸭所采用的柠檬并不是鲜柠檬，而是用盐腌制过的酸柠檬。其做法是将鸭宰后洗净，去内脏切成块，入锅用猛火炒至六成熟，再将切成丝的辣椒、酸姜、酸柠檬、酸藠头、蒜米、酸梅、生姜等作料入锅同炒，拌匀后改文火炒至八成熟，加入豆瓣酱同炒至熟透，淋上适量香油即可出锅，味道酸辣适度，肉质鲜甜，入味爽口。柠檬鸭作为南宁本土原汁原味的草根美食，以复杂的配料、丰富的口味，将鸭肉的制作推到了美食界的一个高点。

　　柠檬鸭还有简单的家常做法，关键在于点睛的柠檬蘸料。将酸姜丝、辣椒、酸柠檬、酸蒜头、酸梅、酱油、香油等调制在一起后，将白切的肥鸭蘸取蘸料食用，这是一种省力省时的柠檬鸭吃法。柠檬酸香中透着丝丝甜味，微辣中藏着鸭肉的细腻，掠过你的舌尖，诱惑力不可抗拒。

● 柠檬鸭

滋补活血数山羊

　　1955年，在广西贵县（今贵港市）的东汉墓葬中出土了一件反映汉时人们生活场景的六俑陶屋。这一件陶屋由前屋和左右两屋组成，右屋有三只羊鱼贯而入，前面的一只羊，前腿及头部已经进入房内，尚余半截身子在门外，栩栩如生，煞是可爱。这说明在汉代，广西的畜牧业已有一定的发展，封建庄园主们实现了吃羊自由。

　　羊肉味美滋补。《本草纲目》中说："羊肉能暖中补虚，补中益气，开胃健身，益肾气，养胆明目，治虚劳寒冷，五劳七伤。"元时著名医家李杲说："羊肉，甘热，能补血之虚，有形之物也，能补有形肌肉之气。凡味与羊肉同者，皆可补之，故曰补可去弱，人参、羊肉之属也。"羊肉性温热，补气滋阴、暖中补虚、开胃健力，四季皆宜食。人们适时适量地吃羊肉可以去湿气，暖心胃。羊肉含有很高的蛋白质和丰富的维生素，肉质细嫩，容易被消化，多吃羊肉可以增强体质，提高免疫力。所以现在人们常说："想要长寿，常吃羊肉。"而广西的山羊养在青山绿野之中，肉质是真的好。

两宋时期,广西的畜牧业已有一定的发展和规模。《岭外代答》卷九有载:"花羊,南中无白羊,多黄褐白斑,如黄牛。又有一种深褐,黑脊白斑,全似鹿群,放山谷望之,真鹿也。"

广西羊的品种中,数放养的黑山羊最受人们喜爱。黑山羊肌纤维细,硬度小,肉质细嫩,味道鲜美,膻味极小,营养价值高。黑山羊一身都是宝,山羊肉滋阴壮阳、补虚强体,具有提高人体免疫力、延年益寿和美容之功效,老幼皆宜。

上好的食材不论是干锅、水煮、烧烤,哪一种吃法都是"喜无膻味腻喉咙"的极致体验。有关山羊的吃法在广西的民族地区还有一种特殊的方式,那便是"活血"吃法。在河池、百色等地,养山羊的壮族、瑶族把羊血当成最好的美食。宰羊时,将羊血放入面盆内。然后把内脏和瘦肉剁碎,拌上山姜、葱、蒜等作料炒熟,分盛碗里,淋上热热的汤汁,再加入一勺羊血,数分钟后,待碗里的血凝结呈果冻状,即可食用,是为"活血"。这种"活血"可是宴席的首味,宰羊时,如没有吃到"活血",会是一大憾事。

广西的山羊集山野之精华,养天地之美味。来广西吃羊,别忘了"活血"一下。

"憋"有一番风味

没有人喜欢"吃憋"，"吃憋"意味着被迫屈服，但广西还真有一种让你不得不服的"憋"。

广西一些地区盛行吃"憋"。也有人将"憋"称为"瘪"，在广西本地话里有种难以言说的味道。从未吃过这道菜的人，乍一听，先入为主的想象可能会难以接受，极有可能就此错失不同以往的味蕾体验。

吃"憋"的历史挺悠久，主要是以汤水的形式出现。宋代《溪蛮丛笑》中"不乃羹"词条说："牛羊肠脏略摆洗，羹以飨客，臭不可近，食之则大喜。""不乃羹"就是瘪汤。瘪指的是羊、牛胃里那些还没有完全消化的东西。瘪汤的做法一般是先把羊或牛胃里的东西过滤一次，然后配以一些羊下水或牛下水烹制。牛和羊都是食草动物，用它们肠胃里还未消化的"百草精华"而制成的瘪汤，不但解渴饱腹，还具有药用价值，所以瘪汤又称为"百草汤"，食之能避寒消暑、润胃滋肝、养心益脾、消除疲劳，是不可多得的保健美食。

苗族有不同制法的百草汤：宰羊后，将羊血、羊肝、羊筋煮熟，

切成细片，放入事先准备好的汤水中，加热到滚沸。然后破羊胆，把胆汁慢慢滴入汤中，搅拌均匀即可食用。

无论是用"草"还是用胆汁，汤中的苦味都难以忽视。喝瘪汤犹如喝酒，初喝犹如炸毛的猫，眉一皱，肩一耸，艰难下咽。喝惯之后便觉得清爽回甘，越喝越上瘾。

吃法还有升级版。用瘪汤作为火锅的汤底，涮肉、涮青菜，汤汁会让每一种食材增添一丝回甘的苦，着实是清热下火的养生火锅。

喝瘪汤还有更让人折服的地方，那便是古人凝聚在食材中"医食同源"的保健思想，以及食材物尽其用的智慧。先民在宰杀牛羊时，发现了隐藏在其肠胃中精华的秘密。岭南地区的地理气候环境易引发湿热病症，喝瘪汤可清热降火，有病治病，没病防病。其功效经过时间的考验，时至今日还在流行。甚至有民间医生认为，喝点羊瘪汤，可以缓解急慢性咽炎导致的喉咙干痒、疼痛等症状。

这种古老的饮食方式，是不是让人越吃越服，别有一番风味呢？

专门养来吃的菜牛

　　广西有多姿多彩的牛文化，侗族、苗族有紧张刺激的斗牛，平南一带有唱春牛、舞春牛的牛歌戏，桂北的壮、侗、仫佬等民族有祭祀牛神的牛魂节……牛与自古勤于农耕的瓯骆人密不可分，生活中处处可见牛的身影。如此，广西定不乏与牛相关的美味，最负盛名的当属毛南族的特产——毛南菜牛。

　　广西大部分地区食用的牛肉是水牛肉，《岭表录异》有记载："容南土风，好食水牛。"但毛南菜牛是黄牛。菜牛与普通牛肉不同，菜牛肉呈粉色，一层瘦肉夹着一层肥肉，就像五花猪肉一样，久煮不老，吃起来清甜不腻。即便是最简单的家常菜苦瓜炒牛肉，菜牛肉香嫩，层次分明，配上苦瓜的清爽，真是鲜嫩无比，回味无穷。

　　菜牛之所以为毛南特产，是因为有特殊的养育土壤。广西毛南族聚居在大石山区，属亚热带气候，雨量适宜，气温适宜，草木茂盛，给饲养菜牛提供了良好的自然环境。同时广西环江大石山区水质优越，毛南山乡地下蕴藏着各种矿物质，井水含有丰富的微量元素。菜牛食用百草，饮用井水，长得快，肥得靓。

　　光有好山好水还不够，还要有科学精细的饲养方法。民国的
《思恩县志》记载毛南族养牛："有一特别情形，彼全不放外
出，除取草供其食吃外，又用饲猪之食料饲之。每饲一只重百斤
或百余斤，肥胖似猪。"达到育肥标准的菜牛，毛色油亮，体重
达200～300公斤。菜牛都是圈养，除喂草之外，还将玉米、高粱、
饭豆、红薯、南瓜等杂粮煮熟拌潲喂食。这些仅是基础喂养，若
要进阶成顶级食材，还需要经过精细的"囤肥"与"攻膘"。"囤
肥"即是把菜牛育肥满骨架。这个阶段，喂牛的草要在日出前割
回来，草叶上要有露珠，且越嫩越好，一头牛每天吃60公斤左右。
中午和晚上还要各加喂10公斤杂粮潲水料，半夜再喂一次半生
半熟的青草潲水。最后是"攻膘"，每天除供给大量嫩青草外，
还要加喂泡发的小米及黄豆浆。经一个多月的攻膘，牛背上的肉
都鼓得高出了脊梁骨，牛背上形成了一道凹槽，把木盆放在上面
都掉不下来。如此促优喂养的菜牛肉质一绝，肌肉和脂肪之间呈

● 毛南菜牛

现大理石般的纹理，肥瘦相间，肉色晶亮。肋间肉比一般的牛肉更肥厚，有"三隔肉"之称，肉质细嫩，不论何种方式烹制都不膻不腻，易于消化，是牛肉之中的上品。

传说菜牛的养法，是毛南族崇信的三界公传下来的。三界公是毛南族信奉的神，在还愿仪式中经常出现，在毛南族古老的传统傩舞中，三界公由一个人戴着面具扮演，面容俊秀，性格开朗，是一个善神。三界公小时候给人放牛，有给牛画地为牢的本领。牛在他画定的圈内吃草，他自己去砍柴，放牛砍柴两不误。某日，他砍柴时巧遇仙人下棋，顿时入迷，后来神仙邀他同回仙山。途中三界公见一山泉，脱口而出："此泉好洗牛肚涮火锅。"神仙认为他凡缘未脱，令其回家。仙界一日，人间已多年。他画圈放牧的牛已成了一大群。经观察，三界公认定了好几种牛爱吃的草，便给牛配以精料，改为圈养，从此便有了专门养来吃的菜牛。

● 环江香牛扣

各种粑粑

　　今日西南许多少数民族的粑粑（也称为糍粑）、饵块等蒸舂的稻谷粉食，都是古时杵臼捣制粢饵的流风。广西人自古就有吃粑粑的食俗。广西梧州以及贵港出土的汉代明器陶屋，屋内都有俑持杵舂米，说明东汉以后舂米工具已存在于广西居民的生活里。《食次》曰："白茧糖法：熟炊秫稻米饭，及热于杵臼净者，舂之为粢糍，须令极熟，勿令有米粒。"表明最晚在魏晋时期人们已掌握用舂米的方式来制作粑粑。广西很多少数民族地区至今依然保留着这一制作粑粑的原始方法。

　　老方法、老工具做出的粑粑，味道却不单一。广西的粑粑色彩丰富，口味多样，比如麻叶馍、艾叶粑粑、水糍粑等，都是广西地道的不同风味的粑粑。

　　麻叶馍是广西都安的特产，别的壮族地区也有。麻叶馍与众不同之处是采用了苎麻的叶子来捣汁。苎麻是一种具有药用价值的植物，有凉血止血和活血化瘀的功效。在都安，当地人制作麻叶馍时都需提前去采摘野生的苎麻叶。苎麻叶的背面是白色的，很好辨认。将苎麻叶洗净，取出叶子的肉放到碓里舂烂，用清水漂洗后与糯米粉拌匀。好吃的东西必定是要花费一番力气来弄的，这时还需要把拌好的糯米团再次放入碓里捶打使糯米与苎麻叶的纤维充分融合，而后把舂好的呈绿色的大糯米团子分成一个一个的小糯米团子，在团子中间裹进花生、芝麻、红糖做成的馅料，最后用芭蕉叶包裹团子，方便进食时拿取。制作好的麻叶馍热乎软糯，放凉筋道，不同温度下自有不同滋味。

艾叶粑粑是广西粑粑里比较常见和受欢迎的品种，其制作手法与麻叶馍大同小异，只是与糯米粉混合的材料由苎麻叶替换成了艾草。3月，大地回春，艾草鲜嫩，是制作艾叶粑粑最好的时节。最好摘取枝干顶端的嫩叶，老叶的粗纤维会影响艾粑的口感。在广西很多地方都能吃到艾叶粑粑，但吃艾叶粑粑的绝佳场所是在桂林的漓江边，漓江边有不少当地居民售卖自家做的艾叶粑粑。在如水墨画一般的漓江边小憩，一口墨绿色糍粑，满口艾草清香，好似把江边湿润的带着草木香的清新空气也一同放在了舌尖，慢慢咀嚼的不仅是柔韧的糯米，更是眼前的山水。风景意趣与口中美味相互点缀，感官功能的碰撞实在是人生不可多得的美妙体验。

水糍粑是桂东北地区的小吃。水糍粑是呈圆饼形状、颜色多样的一种粑粑，有纯白色的、黄色的、绿色的……不同的色泽取决于不同的制作材料。将蒸熟的糯米放入石臼中，分别加入高粱、艾草或黄珠子等植物，就可获得棕红色、绿色或黄色的美妙色泽。水糍粑吃法多样：可以用油煎着吃，焦香脆糯；也可以切块用汤水煮着吃，香甜软糯。水糍粑在冬天放入清水中浸泡，每天换水，可以保证糍粑不开裂不发霉存放一个多月。

　　过年到桂东北地区围着火塘喝油茶，顺手在火塘边放上一两个水糍粑，不一会儿便加热出一个绝佳的油茶伴侣，旺盛的柴火、回甘的油茶、焦香的糍粑将春节归家的人相连。一口油茶一口糍粑，大家畅谈着一年的苦与乐，笑与泪，感恩与思念……

　　广西的粑粑不仅于此，南宁的黄糖年糕、咸水圆其实也是用糯米制作的粑粑。百变的粑粑是广西人对糯米不变的钟爱。

● 艾叶粑粑

百家宴

　　广西人热情好客、开放包容、和谐共处的品性反映在饮食上，百家宴是最好的注解。在广西，苗族、侗族等少数民族都有吃百家宴的习俗。

　　侗族的百家宴源于合拢酒宴。合拢酒宴是侗家村寨或家族集体接待贵宾最高规格的酒宴，一般是在村寨或家族举行盛大的庆典活动或节庆时才会举行的宴席。村寨举办的合拢酒宴，多在团寨的凉亭或公共空间中摆设，家族举办的一般在比较宽敞的农户家的走廊里进行。酒席的摆设叫"拉长桌"，即把十张八张方桌连在一起摆成一条长线，有的则是用长宽木板拼在一起连成长桌。合拢宴上的酒、饭、菜是村寨或家族里各家各户把自家最好的米酒或苦酒，最好的糯米饭或糍粑，最好的腌肉、腌鱼、酸菜或小炒，用竹篮提来或箩筐挑来，凑到一起，大家共同享用，可以说是百家酒、百家饭、百家菜，各领风骚的百家宴。

　　广西苗族也兴吃百家宴，尤其是在苗年等节庆活动中，上百桌的宴席不在话下，用大簸箕承装着的各色美食，每一道都是苗家的招牌菜。超大的簸箕上垫放着芭蕉叶，所有的食物摆放在簸箕里，一趟就能把所有的菜端上饭桌，省时省劲。饥饿等待后看到拥簇丰富的菜肴，顿时垂涎欲滴。

在旅游发展产业化的今天，为了让更多的异乡人也能快速地吃上民族的味道，百家宴已成为饭店式流水线制作的待客招牌美食，但并不影响这一个大簸箕让异乡人尝尽广西的民族味道。

因使用簸箕承菜，所以也有人称百家宴为簸箕宴。百家宴通常使用直径 60 厘米左右的簸箕，一般可放 12 道菜，有荤有素，有菜有主食。尽管各民族的菜式不尽相同，但总能给人一种十全十美的饱腹感。

壮家的簸箕宴，荤菜有白切猪肚、香煎龙肠、爆炒粉肠、壮家土腊肉等，素菜有凉拌木耳、爆炒四季时蔬、豆腐酿，主食有香煎黑米粽、木薯、红薯、玉米等。

侗家的簸箕宴口味偏酸，荤菜有酸鱼、酸肉、酸鸭、腊肉、血肠，素菜有炒笋、腌制萝卜皮，主食有糯米饭、红薯、玉米和芋头。

苗家的簸箕宴，荤菜有白切鸡、香煎禾花鱼、酸肉、白切五花肉、血肠等，素菜有酸菜、豆腐酿等，主食有糯米饭及红薯、玉米等杂粮。以上都是广西各民族簸箕宴的一些搭配，各地根据地域食材和季节食材会有所不同，各民族总是会有相似的口味和菜色，这在一定程度上体现了广西各民族的和谐繁荣，美味与共。

多民族共有的百家宴中，龙肠，其实就是血肠，有的是掺

入了糯米的，是多民族簸箕宴中的常见美食。没有龙肠点缀的百家宴就少了几分地道。

　　百家宴，有酒有菜，有荤有素，簸箕承载的不仅仅是美味，更是深深的乡土情怀。

● 百家宴

后　记

◆

　　我的本职是在博物馆里从事考古工作。有人问我：一个博物馆的工作者，怎么会想到去研究美食？简单回答就是：谁不喜欢美食呢？！

　　往深里说，博物馆里的文物几乎都和饮食文化有关，比如广西旧石器的手斧是用来切割食物和挖掘植物根茎的，新石器的大石铲和稻作文化有紧密的联系。最早的陶器用来煮食，腌制酸菜，也用来盛酒。瓷器有饭碗、酒壶、茶盏。广西桂林最有名的瓷器是梅瓶，是用来装酒的。青铜器有炊煮器、酒器、食器。一些乐器也与饮食文化有关，所谓钟鸣鼎食。因此，饮食文化也是博物馆收藏、展示和研究的重要内容。

　　博物馆属于文化旅游部门，是新兴的旅游景点。旅游的概念要素可总结为"吃、住、行、游、购、娱"六个字，排在第一位的就是"吃"。"吃"涵盖了如何完善服务和宣传地方文化特色以吸引更多的食众游客，因此博物馆需要研究"吃"的学问。

　　广西的饮食文化有丰富的内容，但这方面的介绍和研究显得少了一些，这和广西所拥有的旅游资源很不相称，这也是我研究

广西饮食文化的一个主要原因。

希望这本书能让读者觉得广西的饮食有历史、有文化、有特色、有意蕴，想去吃也找得到。看了，吃了，更了解广西，更喜欢广西。

广西壮族自治区博物馆、广西非遗美食展示馆以及黄璐、罗丹、李鑫、黄平、黄昊、罗石、张小宁、李思澄、梁飞宇、秦小钰、杨永和等人为本书提供图片资料，广西非遗美食展示馆提供部分非遗美食展示视频。在此谨表谢意。

吴伟峰

2021 年 6 月